www.ingramcontent.com/pod-product-compliance
Lightning Source LLC
LaVergne TN
LVHW052127041026
849558LV00011B/277
9781778923289

ایران شناسی

جلد سوم

استان

آذربایجان شرقی (خاوری)

ایران،

سرزمین گوناگونی‌ها
و دیدنی‌های بی‌همتا

دکتر منصور قربانی

(مدیر مرکز پژوهشی زمین‌شناسی پارس آرین‌زمین، مدیر مسئول مجله سرزمین‌های
پارس‌آرین و عضو هیئت علمی دانشگاه شهید بهشتی)

سریال کتاب: P۲۵۴۵۲۴۰۲۵۵
عنوان: استان آذربایجان شرقی (خاوری)
نام سری: مجموعه سی وسه جلدی ایران‌شناسی
زیرنویس اثر: ایران، سرزمین گوناگونی‌ها و دیدنی‌های بی‌همتا
نویسنده: دکتر منصور قربانی
ویراستار: علی فرازمند، مهندس محسن قربانی
ویرایش فنی: عرفـان رحیمـی، مریـم کلائـی، محمد آریا امینی
صفحه‌آرایی: نرگس تاج‌الدینی
طراح جلد و طراحی کاراکتر جلد: محبوبه لعل‌پور
عکاسان: حسن الماسی، علی ثقفی، همکاران آرین زمین
شابک: ISBN: ۹۷۸-۱-۷۷۸۹۲-۰۵۵-۴
موضوع: تاریخ، فرهنگ، طبیعت و ایرانشناسی
مشخصات کتاب: قطع رقعی، جلد مقوایی
تعداد صفحات: ۱۷۲
تاریخ نشر ادیشن فارسی: دسامبر ۲۰۲۵
انتشارات در کانادا: انتشارات بین‌المللی کیدزوکادو
انتشارات اولیه در ایران: آریـن زمیـن، تهران

KIDSOCADO PUBLISHING HOUSE
VANCOUVER, CANADA

تلفن: ۸۲۳) ۳۳۳ ۷۲۴۸) ۱+
واتس آپ: ۲۳۶) ۳۳۳ ۷۲۴۸) ۱+
ایمیل: info@kidsocado.com
وب‌سایت: https://www.kidsocado.com

این کتاب را با افتخار پیشکش می‌کنم به

مردم شریف و فرهیخته‌ی ایران؛

سرزمینی که ریشه‌های فرهنگ، هنر و

دانایی‌اش، جهان را سرافراز کرده است.

فهرست مطالب

پیش نوشتار

مجموعه سی‌وسه جلدی ایران‌شناسی

که پور فریدون نیای من‌ست

همه شهر ایران سرای من‌ست

«فردوسی»

طبیعت، فرهنگ، تمدن، هنر و زندگی مردم ایران‌زمین، از دیرباز همچون رنگین‌کمان، تجلی‌بخش هویت مشخصی به نام هویت ایرانی برای جهانیان شده است. این هویت ملی، ریشه‌گرفته از دانش و بینش، فرهنگ و هنر و الهام‌یافته از طبیعت، اقلیم و تاریخ و تمدن درهم‌تنیده این سرزمین با بیش از ۵۰۰۰ سال قدمت و غنای روزافزون در تاریخ و تمدن بشری، نقش‌ها آفریده است.

چشم فروبستن بر عظمت ایران و تنوع طبیعت، فرهنگ و تمدن و نیز آموختن و آشنایی با آن، چیزی نیست که درخور ملت و اقوام بزرگ آن باشد؛ هرچند کوشش‌های زیادی برای شناساندن ایران توسط اندیشمندان ایرانی و خارجی صورت گرفته است، اما هنوز جای بسیاری برای این تلاش‌ها، به‌ویژه برای شناساندن این مرزوبوم به نسل‌های جوان شامل بخش تحصیل‌کرده، دانشجویان، دانش‌آموزان، برنامه‌ریزان و دست‌اندرکاران وجود دارد. آگاهی برخی از مردم از جغرافیا، تاریخ، تمدن، هنر، طبیعت و پتانسیل‌های ایران چنان اندک است که گویی هزاران کیلومتر دورتر از ایران زندگی می‌کنند. فرزندان یک یا دو نسل اخیر که به خارج از کشور مهاجرت کرده‌اند نیز از نعمت آشنایی با کشور مادر خود دور مانده‌اند. عدم آشنایی جهانیان از طبیعت ایران چنان است که ایران را کشوری با اقلیمی خشک و کویری می‌دانند. نه‌تنها سرسبزی و زیبایی شمال ایران و جنگل‌های هیرکانی، بلکه مناطق زیبا و دیدنی پراکنده در سرتاسر ایران‌زمین، ازجمله جنگل‌های ارسباران و زاگرس و سرسبزی‌های آن‌ها و نیز هزاران دره ژرف و قله‌های سربه آسمان کشیده، از کوه‌های زاگرس و البرز، بحر آسمان، هَزار، شاهو و یا باغ‌های میناب و

رودان و نخلستان‌های دالکی، برازجان و حومه و روستاهای فاریاب، تنگ‌زرد اهرم و زیبایی‌های کم نظیر کوهرنگ، آبشارهای بیشه و مارون، غارهای علی‌صدر، قوری‌قلعه، نخجیر، دریاچه‌های میان‌کوهی، تالاب‌ها، کوه‌ها، غارهای نمکی و عظمت کویرها و هزاران مورد از این زیبایی‌های طبیعی و بی‌نظیر، برای بسیاری همچنان ناشناخته‌اند.

سه مشخصه زیر با نقش بسزایی که در هویت ایرانی داشته‌اند، در تدوین مجموعه ایران‌شناسی مورد توجه بوده است:

۱- جغرافیا و مورفولوژی سرزمین ایران یا به‌عبارتی، مجموعه طبیعت و موقعیت جغرافیایی ایران زمین.

۲- پیشینه تاریخی و برآمدن تمدن‌های بزرگ و حاکمیت با ثبات و فراگیر در دنیای باستان و نیز مبارزات هویت‌طلبی و نقش آن‌ها در خلق تمدن دوران بعد از اسلام.

۳- ویژگی‌های فرهنگی که خود زائده دو مشخصه اول و دوم می‌باشد و نیز تعامل بین اقوام ایرانی و انیرانی، جنگ‌ها و نزاع‌های رخداده در طول چندهزار ساله تاریخ و تمدن ایران و همچنین مهاجرت‌ها و کوچ‌ها که به دلخواه برای زیست بهتر و اجبار در نتیجه تغیرات اقلیم و یا عملکرد حاکمیت ها رخ‌داده است.

اهداف موردنظر در تدوین این مجموعه عبارت‌اند از:

آشنایی هموطنان از طبیعت، واقعه‌های تاریخی و جغرافیایی ایران، جایگاه فرهنگ و هنر کشور و همچنین تاریخ و سابقه تمدنی هر استان؛ با امید جبران کمبود اطلاعات فراگیر در این زمینه‌ها به شکل مصور و به‌روز آمده است.

تأمین منابعی برای نیازهای امروز ایرانیان و تمام گردشگران داخلی و خارجی در عرصه ایران‌شناسی با تأکید بر جنبه‌های گردشگری و زیبایی‌های طبیعی، تاریخی و فرهنگی ایران در یک مجموعه بزرگ و فراگیر.

به‌طور چکیده برای اینکه عموم بدانند که ایران کجاست؟ چه دارد؟ چگونه کشوری است و از تاریخ و فرهنگ آن، چه می‌دانیم؟ طبیعت، تاریخ و فرهنگ هر استان و شهرستان چه ویژگی‌هایی دارند؟

این مجموعه با عنوان ایران‌شناسی فزون بر توجه به پیکره طبیعت، تاریخ و فرهنگ ایران، با توصیف گردشگری شهری، طبیعت‌گردی و زمین‌گردشگری می‌خواهد نمایانگر تمدن، هنر، فرهنگ، طبیعت و جغرافیای ایران برای هم‌وطنان، جهانیان و به‌خصوص گردشگران باشد.

بطوریکه هر گردشگرِ جویای اطلاعات از طبیعت، تمدن، جغرافیا، هنر و فرهنگ این سرزمین و هر شهر آن، منبعی مفید و مستند را بیابد.

مجموعه ایران‌شناسی که تمدن، هنر، فرهنگ، تاریخ و جغرافیای طبیعی ایران‌زمین را با دیدگاه گردشگری به‌صورت یک دایره‌المعارف نشان می‌دهد، در ۳۳ جلد تدوین و منتشر می‌شود. طبیعی است که تمدن، فرهنگ و هنر و طبیعت ایران آن‌قدر بزرگ و متنوع است که نمی‌توان گستردگی کامل آن را در این مجموعه ۳۳ جلدی جای داد. درنتیجه، این مجموعه آیینه‌ای است که به‌شکل گزیده، کلیاتی را به انتخاب و توصیف نگارنده، برپایه تجربیات و گشت‌وگزارهای مفصل طی سالیان دراز در گوشه و کنار کشور، عرضه کند. برای غنای بیشتر مطالب نیز از منابع لازم و معتبر استفاده شده است.

جلد اول این مجموعه کلیات طبیعت، تاریخ و فرهنگ ایران را به‌طور اجمالی بیان می‌کند. این جلد (با شماره پیاپی جلد دوم) به زبان انگلیسی منتشر شده است.

جلد سوم تا سی‌وسوم، مختص هر استان (با افزودن نام هر استان) با عنوان عمومی ایران سرزمین گوناگونی‌ها و دیدنی‌های بی‌همتا تدوین‌شده است. محتوای هریک از کتاب‌های استان، در پنج فصل به‌شرح زیر گردآوری‌شده است:

فصل اول: جغرافیا، طبیعت، اقلیم، پوشش گیاهی و جانوری و منابع طبیعی. فصل دوم: تاریخ استان و شهرهای آن. فصل سوم: مردم‌شناسی، فرهنگ و میراث فرهنگ. فصل چهارم: شهرها، روستاها و جاذبه‌های دیدنی آن‌ها. فصل پنجم: طبیعت و زمین‌گردشگری آن‌ها.

در این کتاب‌ها فزون بر تاریخ و طبیعت استان‌ها، مکان‌های دیدنی، تاریخی و باستانی، طبیعت (کوه‌ها، رودخانه‌ها، چشمه‌ها، غارها، آبشارها و...)، جاده‌ها و پدیده‌های زمین‌شناسیِ موردتوجه و تحسین همگان معرفی می‌شوند. در این مجموعه، ریشه نام‌گذاری شهرها و وجه‌تسمیه مکان‌ها نیز آمده است؛ بنابراین هرخواننده، گردشگر و پژوهشگر با خواندن این مجموعه، متوجه جغرافیا، طبیعت و تاریخچه آن سرزمین و دیدنی‌های شهری و طبیعت آن می‌شود، که برای وی راهنمای کاملی برای سفر به آن دیار خواهد بود. گفتنی است که تمام هزینه‌هایی که برای این اثر از ابتدای تولید تا مرحله چاپ توسط نگارنده (مرکز پژوهشی آرین زمین) تامین شده است.

کتاب‌های استانی که به‌ترتیب حروف الفبا ردیف شده‌اند، در اصل هریک به منطقه‌ای از ایران اشاره دارد که به‌شرح زیر می‌باشد:

جلد سوم- استان آذربایجان شرقی، جلد چهارم- استان آذربایجان غربی، جلد پنجم- استان اردبیل، جلد ششم- استان اصفهان، جلد هفتم- استان البرز، جلد هشتم- استان ایلام، جلد نهم- استان بوشهر، جلد دهم- استان تهران، جلد یازدهم- استان چهارمحال و بختیاری، جلد دوازدهم- استان خراسان جنوبی، جلد سیزدهم- استان خراسان رضوی، جلد چهاردهم- استان خراسان شمالی، جلد پانزدهم- استان خوزستان، جلد شانزدهم- استان زنجان، جلد هفدهم- استان سمنان، جلد هجدهم- استان سیستان و بلوچستان، جلد نوزدهم- استان فارس، جلد بیستم- استان قزوین، جلد بیست و یکم- استان قم، جلد بیست و دوم- استان کردستان، جلد بیست و سوم- استان کرمان، جلد بیست و چهارم- استان کرمانشاه، جلد بیست و پنجم- استان کهگیلویه و بویر احمد، جلد بیست و ششم- استان گلستان، جلد بیست و هفتم- استان گیلان، جلد بیست و هشتم- استان لرستان، جلد بیست و نهم- مازندران، جلد سی‌ام- استان مرکزی، جلد سی و یکم- استان هرمزگان، جلد سی و دوم- استان همدان و جلد سی و سوم- استان یزد.

در این مجموعه، در ارتباط با منابع استفاده شده، اشاره گردیده است که به‌جز اطلاعاتی که از بروشورها و تابلوهای سازمان میراث فرهنگی، صنایع‌دستی و گردشگری استان‌ها، سایت‌های استانداری استان‌ها و شهرداری‌ها مورد بهره‌برداری قرارگرفته است که دسترسی آن‌ها برای عموم آزاد است. جمعیت شهرها و استان‌ها از مرکز آمار ایران برپایه آخرین سرشماری سال (۱۳۹۵-۱۴۰۰) اقتباس شده است. تمامی عکس‌هایی که در این مجموعه آورده شده‌اند، توسط همکاران مرکز پژوهشی زمین‌شناسی پارس آرین زمین به‌همراه نگارنده تهیه شده و هر عکسی که خارج از آرشیو این مرکز آورده شده باشد، همراه با منبع ذکرشده است. گفتنی است که تمام پدیده‌های طبیعی و زمینی و بناهای تاریخی، شهرها و جاده‌ها و پدیده‌های توصیف شده در این مجموعه، طی سالیان سال پژوهش‌های ایران شناسی و زمین شناختی از سوی نگارنده، مورد مشاهده، مطالعه و ارزیابی قرار داشته است.

منصور قربانی

«استان آذربایجان خاوری»

این استان در شمال‌غرب کشور واقع است و مرکز آن، تبریز، چهارمین شهر پرجمعیت کشور است. این استان یکی از استان‌های خوش آب و هوا است و دارای طبیعتی زیبا، بناهای تاریخی و کهن است. طبیعت این استان شامل رودها و چشمه‌ها، آبشارها، قله‌های مرتفع، دشت‌های بزرگ و باغ‌های کشاورزی فراوان است.

استان آذربایجان شرقی دارای تمدن‌های کهن حداقل از عصر آهن تاکنون است. در این استان بناهای تاریخی و سنگ نوشته‌های فراوان اوراتویی و نیز قبرستان عصر آهن کشف شده است که حکایت از قدمت طولانی آئین کهن میترا دارد.

استان آذربایجان شرقی در دوران باستان بخش مهمی از سرزمین بزرگ دولت‌های هخامنشی، اشکانی و ساسانی بوده است و در زمان اشکانیان و سلوکیان، دولت آتورپاد در این سرزمین‌ها حکومت داشته است. آتورپادها در زمان هخامنشیان اجازه ندادند که این سرزمین به دست اسکندر بیفتد و در زمان اشغال ایران توسط اسکندر و جانشینان، سلوکیان آذربایجان سپهدار کشور ایران بوده است. در تاریخ پس از اسلام نیز نخستین دولت ملی ایران یعنی صفویان در آذربایجان شکل گرفت و نخستین پایتخت آن‌ها تبریز بود.

استان آذربایجان شرقی دارای چندین ژئوسایت و یک ژئوپارک ثبت شده جهانی است. همچنین دارای توان بالای کشاورزی و باغداری است و ذخایر معدنی مس و طلا و همچنین صنایع پایه در کشور می‌باشد. مردمان آذربایجان شرقی دارای فرهنگی غنی هستند که بر پیکر فرهنگ سراسر کشور تأثیر می‌گذارد و خود نیز از این غنا ریشه می‌گیرد. آذربایجان شرقی در شمال با کشورهای ارمنستان و آذربایجان به مرکز باکو هم‌مرز است و از این جهت راه ارتباطی ایران به قفقاز محسوب می‌شود.

فصل اول

جغرافیا، طبیعت و منابع طبیعی

ای آذربایجان

سر تو باشی در میان هر جا که آمد پای جان...

همت مردان تو چون نونهالانت بلند

پیکر گردان تو چون کوهسارانت کلان

تو همایون مهد زرتشتی و فرزندان تو

پور ایرانند و پاک آیین نژاد آریان

اختلاف لهجه، ملیت نزاید بهر کس

ملتی با یک زبان کمتر به یاد آرد زمان

«گزیده‌ای از اشعار شهریار»

۱-۱ مقدمه

آذربایجان خاوری (شرقی) بزرگ‌ترین و پرجمعیت‌ترین استان در شمال باختری ایران است. این استان با مساحت ۴۵/۶۵۰ کیلومترمربع و جمعیت ۴/۱۰۵/۱۳۴ نفر، ۴/۸۹ درصد جمعیت کل کشور را تشکیل می‌دهد. آذربایجان خاوری در بین موقعیت‌های جغرافیایی ۰۷´ ۴۵° تا ۲۲´ ۴۸° طول خاوری و ۴۵´ ۳۶° تا ۱۰´ ۳۹° عرض شمالی قرار دارد. مرکز این استان با تهران ۶۲۴ کیلومتر فاصله دارد. موقعیت جغرافیایی آن در شکل ۱-۱ آمده است.این استان از شمال به جمهوری آذربایجان و ارمنستان، از باختر و جنوب باختر به استان آذربایجان باختری، از خاور به استان اردبیل و از جنوب خاوری به استان زنجان محدود می‌شود. این استان دارای ۲۱ شهرستان، ۶۱ شهر، ۴۴ بخش و ۱۴۰ دهستان است (جدول ۱-۱ و شکل ۱-۲).

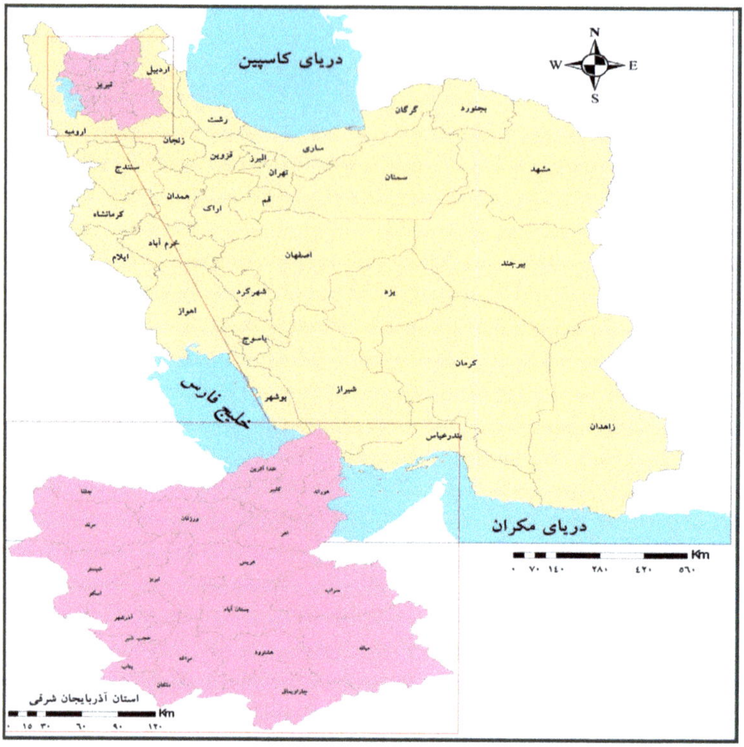

شکل ۱-۱. موقعیت جغرافیایی استان آذربایجان خاوری.

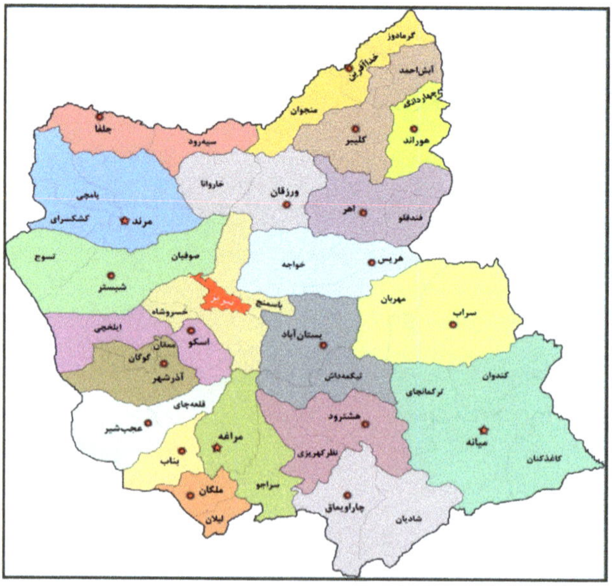

شکل ۱-۲. نقشه استان آذربایجان خاوری و شهرستان‌های آن.

جدول ۱-۱. جدول شهرستان‌ها و شهرهای استان آذربایجان خاوری (گیتاشناسی، ۱۳۹۳).

	نام شهرستان	نام مرکز	نام شهرها
۱	آذرشهر	آذرشهر	آذرشهر، ممقان، گوگان، تیمورلو
۲	اسکو	اسکو	اسکو، سهند، ایلخچی
۳	اهر	اهر	اهر، هوراند
۴	بستان‌آباد	بستان‌آباد	بستان‌آباد، تیکمه‌داش
۵	بناب	بناب	بناب
۶	تبریز	تبریز	تبریز، باسمنج، سردرود، خسروشاه
۷	جلفا	جلفا	جلفا، هادی‌شهر، سیه‌رود
۸	چاراویماق	قره‌آغاج	قره‌آغاج
۹	خدا آفرین	خمارلو	خمارلو
۱۰	سراب	سراب	سراب، مهربان، شربیان، دوزدوزان
۱۱	شبستر	شبستر	شبستر، خامنه، سیس، شرفخانه، شندآباد، کوزه‌کنان، وایقان، تسوج، صوفیان
۱۲	عجب‌شیر	عجب‌شیر	عجب‌شیر
۱۳	کلیبر	کلیبر	کلیبر، آبش‌احمد
۱۴	مراغه	مراغه	مراغه، خراجو
۱۵	مرند	مرند	مرند، زنوز، کشکسرای، بناب جدید، یامچی
۱۶	ملکان	ملکان	ملکان، مبارک‌شهر، لیلان
۱۷	میانه	میانه	میانه، آچاچی، ترکمانچای، آقکند، ترک
۱۸	ورزقان	ورزقان	ورزقان، خاروانا
۱۹	هریس	هریس	هریس، بخشایش، زرنق، کلوانق، خواجه
۲۰	هشترود	هشترود	هشترود، نظرکهریزی
۲۱	هوراند	هوراند	هوراند، چهاردانگه

۲-۱ راه‌های ارتباطی استان آذربایجان خاوری

آذربایجان خاوری استانی مرزی واقع در شمال باختر ایران است. این استان بزرگ‌ترین فرودگاه بین‌المللی شمال باختری ایران را دارد که در شهر تبریز واقع شده است. این فرودگاه به دلیل قرار گرفتن در نزدیکی مرز ایران با اروپا و باختر آسیا اهمیت خاصی دارد که در شرایط ایده‌آل از نظر روابط بین‌المللی، این فرودگاه با توسعه مسیر از پتانسیل ارتباطی خوبی برای کشورهای حاشیه کاسپین و خاور ایران با اروپا و به طورکلی کشورهای باختری برخوردار است. از دیگر راه‌های دسترسی به این استان، خط راه‌آهن تهران-تبریز است که به شبکه راه‌آهن کشور می‌پیوندند. این خط ریلی همچنین از راه جلفا به کشور آذربایجان و حوزه کشورهای قفقاز ارتباط دارد و از طریق آذربایجان باختری با ترکیه و اروپا در ارتباط است. علاوه بر راه‌های دسترسی هوایی و ریلی که گفته شد، این استان دارای بزرگراه‌های اصلی تهران-تبریز به طول ۶۲۴ کیلومتر، اردبیل-تبریز به طول ۲۱۳ کیلومتر و ارومیه-تبریز به طول ۱۵۰ کیلومتر است. استان آذربایجان خاوری دارای شبکه ارتباطی گسترده داخلی است و بیشتر روستاهای استان از طریق جاده‌ی آسفالته به شهرهای استان متصل هستند (شکل ۱-۳).

شکل ۱-۳. نقشه راه‌های ارتباطی استان آذربایجان خاوری.

۱-۳ آب و هوای استان آذربایجان خاوری

استان آذربایجان خاوری به دلیل کوهستانی بودن و داشتن سواحل دریاچه ارومیه (که شوربختانه درحال خشک‌شدن است) و رودخانه ارس در شمال استان و نیز دشت‌های گسترده و پهناور، دارای تنوع آب‌وهوایی به شرح زیر است:

- آب‌وهوای سرد کوهستانی در ارتفاعات و دامنه‌های سهند مانند ورزقان و...
- آب‌وهوای معتدل در نواحی دشت و کوهپایه‌ها (اغلب شهرهای استان).
- آب‌وهوای نسبتاً گرم در نواحی کم‌ارتفاع مانند جلفا، خداآفرین و اصلاندوز.

این استان تحت‌تأثیر جریانات مرطوب مدیترانه‌ای از طرف باختر و جنوب باختری قرار دارد و از شمال تحت‌تأثیر جریان‌های سرد سیبری است. میانگین دمای سالانه، ۱۲ درجه سانتی‌گراد و میانگین دمای بلندمدت استان در دوره گرم (خرداد و مرداد)، بین ۳۴-۲۴ درجه سانتی‌گراد و میانگین دمای دوره سرد (آذر و اسفند)، ۷- تا ۰ درجه سانتی‌گراد است (پور اصغر، فرناز و همکاران. ۱۴۰۰).

مناطقی همچون ارسباران، دامنه‌های سهند، عجب‌شیر از دمای میانگین پایین‌تری در دوره گرما و سرما برخوردارند. در صورتیکه شهرهایی همچون جلفا، مرند و شبستر میانگین بیشتری در دوره گرما و سرما دارند.

۱-۳-۱ میزان وضعیت بارش

میانگین بارش سالانه استان حدود ۳۰۰ میلی‌متر در سال است (شکل ۱-۴). البته میزان بارش در مناطقی همچون ارسباران، سهند، مراغه، بناب و خاور دریاچه ارومیه بیشتر از میانگین و در مناطقی همچون جلفا کمتر از میانگین است. میزان بارش در استان بیشتر تحت‌تأثیر توپوگرافی و ارتفاع نواحی مختلف است (شکل ۱-۱۲).

بارندگی و بادهای استان بطور عمده تحت تأثیر رژیم مدیترانه‌ای است. بیشتر بارش‌ها در ماه‌های آذر تا اردیبهشت رخ می‌دهند. بادهای مربوط به رژیم مدیترانه‌ای به بادهای باختری معروف هستند و اغلب قبل از بارش شروع می‌شوند و رطوبت مدیترانه را به‌دنبال دارند.

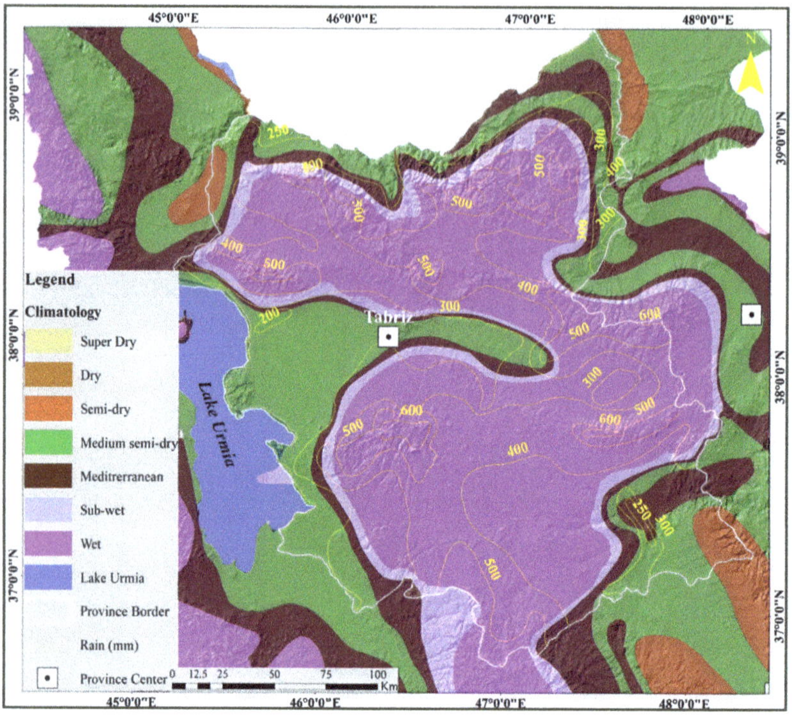

شکل ۱-۴. نمایی از پهنه اقلیمی و میزان بارش استان آذربایجان خاوری.

۱-۳-۲ انواع بادهای استان

- **بادهای شمالی** عموماً در پاییز و زمستان، سرد و در تابستان و بهار، خنک‌اند. خاستگاه این بادها، از جریانات سیبری است.
- **بادهای جنوبی یا بادهای جنوب باختری** عموماً باعث افزایش دما در استان می‌شوند.
- **بادهای محلی** که عموماً داخلی بوده به اختلاف ارتفاع و اختلاف دما در استان مربوط می‌شوند و در سطح کلی استان بی‌اثرند. اما اثر محلی کاهش دما را دارند.

۱-۴ طبیعت استان آذربایجان خاوری

در توصیف طبیعت استان، به توپوگرافی، اقلیم، پوشش گیاهی و جانوری اشاره می‌شود. مرتفع‌ترین بخش استان، کوه سهند با قله‌ای به ارتفاع ۳۷۲۲ متر است. مناطقی همچون جلفا، خداآفرین، سیه‌رود (حاشیه رود ارس) ارتفاعی کمتراز ۱۰۰۰ متر دارند. وجود این اختلاف ارتفاع و رشته‌کوه‌های بزقوش، ارسباران و فروافتادگی دریاچه ارومیه سبب تنوع آب‌وهوایی، بارش و تغییرات دما در استان می‌شوند. دره‌های پهن و بزرگ شمال بستان‌آباد، دره‌های تنگ

در دامنه جنوبی بزقوش، دره و دشت میان‌کوهی در ورزقان-خاروانا و همچنین دشت‌های بزرگی که شهرهایی چون تبریز، میانه و مرند در آن شکل گرفتند، نمایی از کل استان را به نمایش می‌گذارند.

استان آذربایجان خاوری در منطقه ارسباران دارای پوشش جنگلی ویژه‌ای است که خاص این منطقه بوده و نام ارسباران نیز از همین پوشش جنگلی گرفته شده است. این مناطق بیشترین پوشش جنگلی استان را داراست. طبیعت و توپوگرافی همراه با پوشش گیاهی سبب شده است که گونه‌های مختلف جانوری در استان یافت شود.

طبیعت کوهستانی و دره‌های طولانی سبب شده است که از نظر گردشگری روستاهای زیبا و جذابی در استان شکل بگیرند؛ ازجمله روستای آستامال، روستای میوه رود، اندریان و روستاهای زیبای حاشیه ارس مانند اشتین، قولان، عاشقلو و کردشت.

گاه در استان، روستایی در دل کوهستان یافت می‌شود که با وجود مشکلِ دسترسی، برای گردشگران ماجراجو جالب است؛ مانند قره‌چیلر در ارتفاعات کوه قولان یا کوه اردوباد و یا روستاهای علی‌کندی و پیرسقا از توابع قره آقاج در کنار کوه بابا.

طبیعت کوهستانی روستاها (شکل ۱-۵ و ۱-۶) باعث شده است برخی از میوه‌های تابستانی مناطق سردسیر در استان مانند روستاهای تابع اهر، شبستر و خامنه در کشور نمونه و بی‌نظیر باشند.

شکل ۱-۵. نمایی از طبیعت استان آذربایجان خاوری در نزدیکی اهر.

شکل ۱-۶. نمایی از طبیعت استان آذربایجان خاوری در نزدیکی روستای تاتار سفلی.

۱-۴-۱ گیاهان و پوشش گیاهی آذربایجان خاوری

استان آذربایجان خاوری در امتداد رشته‌کوه البرز قرار دارد و دارای طبیعتی منحصربه‌فرد و پوشش گیاهی مناسب در برخی از مناطق است. این استان در شمال دارای مناطق کوهستانی و در جنوب شامل دشت‌ها و مناطق جلگه‌ای است. پوشش گیاهی مناطق کوهستانی که بیشتر در پیرامون کوه‌های سهند و سبلان واقع‌اند شامل، انواع درختان راش، بلوط، ممرز، افرا و ون هستند. همچنین در دامنه‌ها می‌توان گیاهانی از جمله خاکشیر، بومادران و گون را مشاهده کرد. در مناطق جلگه‌ای و دشت‌ها که اطراف دریاچه ارومیه را در برمی‌گیرند، پوشش کمی از خارشتر دیده می‌شود. منطقه ارسباران جنگل‌های خاص ارسباران را به نمایش می‌گذارد.

۱-۴-۲ جانوران آذربایجان خاوری

در ارتفاعات سهند و سبلان و در مناطق کوهستانی استان آذربایجان خاوری جانوران زیادی از جمله پلنگ، قوچ، میش، بز وحشی، شغال، آهو و عقاب و در ارتفاعات پایین‌تر خرس، گرگ، روباه و خرگوش زندگی می‌کنند. همچنین در اطراف دریاچه ارومیه پرندگان مهاجر مشاهده می‌شوند. از این پرندگان می‌توان پلیکان، لک‌لک، مرغ ماهی‌خوار، مرغابی، قو و درنا را نام برد (شکل ۱-۷ تا ۱-۱۱). هرچند که در سال‌های اخیر و به دلیل خشک شدن بخش وسیعی از دریاچه زیستگاه این پرندگان نیز به خطر افتاده است.

شکل ۱-۷. نمایی از چک‌چک کوهی، بستان‌آباد، (علی ثقفی).

شکل ۱-۸. نمایی از پاشلک معمولی، آذربایجان خاوری، (همان).

شکل ۱-۹. نمایی از کاکایی و شکار قورباغه، آذربایجان خاوری، (همان).

شکل ۱-۱۰. نمایی از عقاب در جاده هریس.

شکل ۱-۱۱. نمایی از گوزن قرمز (مرال)، آذربایجان خاوری، (همان).

۱-۵ مورفولوژی استان آذربایجان خاوری

همان‌طور که در ابتدای این فصل بیان شد، بیشتر وسعت بخش‌های شمال باختری کشور کوهستانی است و این ویژگی در مورد آذربایجان خاوری، بزرگ‌ترین استان شمال باختر کشور نیز صادق است. استان آذربایجان خاوری دارای دو رشته‌کوه است که در هر رشته‌کوه چندین کوه وجود دارد و عبارت‌اند از:

۱. ادامه رشته‌کوه‌های البرز که به‌طور عمده شمال استان را در برمی‌گیرند؛ مانند کوه‌های میشو-مورو (شمال تبریز-جنوب مرند) و کوه‌های ارسباران (که در گذشته به علت رنگ سیاه سنگ‌های آتش‌فشانی بازالت-آندزیت قره‌داغ نامیده می‌شد).
۲. کوه‌های جلفا در جنوب ارس.
۳. رشته‌کوه‌هایی که از ایران میانی کشیده شده و به ناحیه آذربایجان می‌رسند؛ مانند کوه سهند و کوه بزقوش (نام آن در اصل بزکش بوده که به‌تدریج تغییر تلفظ داده است).

دامنه باختری کوه سبلان و رشته‌کوه بزقوش محدوده‌هایی از کوه‌های ارسباران هستند. در اصل، کوه‌ها و رشته‌کوه‌های استان را می‌توان به‌شکل زیر دسته‌بندی کرد که پاره‌ای از آنها ضمن زیبایی پیکر، با دره‌های سرسبز در دامنه، آنها را برای کشاورزی، باغداری و دامداری مستعد ساخته است

کوه سهند: کوهی آتشفشانی است و از نظر وسعت و محتویات آتشفشانی، گسترده‌ترین آتشفشان قدیمی ایران به حساب می‌آید. محتویات آن در محدوده شهر تبریز (ائل‌گلی)، پیرامون بستان‌آباد و مهربان و... قابل مشاهده است و تأثیر بزرگی در اقلیم و تنوع پوشش گیاهی استان دارد. جالب است قبل از اینکه کوه سهند فوران کند، محل فعلی آن دریاچه‌ای بوده، که در آن ماهی زیست می‌کرده است. فسیل‌های ماهی[1] وجود داشت که اکنون زیر ساختار شهری قرار گرفته است.

دامنه باختری کوه سبلان، هرچند پیکره اصلی آن در استان اردبیل قرار دارد، در بخش‌هایی وارد آذربایجان شرقی نیز می‌شود و چشم‌اندازهایی زیبا در این استان ایجاد می‌کند.

کوه‌های بزقوش نیز رشته‌کوهی با امتداد باختری-خاوری در استان آذربایجان شرقی هستند؛ بخش عمده این کوه‌ها در آذربایجان شرقی و دامنه‌های شمالی آن در قسمت‌هایی از استان اردبیل قرار دارد. این کوه دارای دره‌های تنگ و باریک و شیب‌های تند است. تابستان‌های آن خوش‌آب‌وهوا و زمستان‌هایش بسیار سرد و برف‌گیر است.

رشته‌کوه‌های ارسباران در پیرامون اهر، ورزقان و جنوب سیه‌رود واقع شده‌اند و از نظر پوشش گیاهی از زیباترین کوه‌های ایران به شمار می‌روند. جنگل‌های کم‌نظیر ارسباران در همین ناحیه

---

1. Fish bed

قرار دارند. رودخانه ارس این رشته‌کوه را از شمال می‌برد و دره‌ای عمیق میان ایران و جمهوری آذربایجان پدید می‌آورد. نمونه روشن این جدایش، کوه اردوباد است؛ توده‌ای بزرگ از سنگ گرانیت که نیم آن در سوی ایران و نیم دیگر در سوی جمهوری آذربایجان قرار دارد. روستای قولان در سوی شمالی و روستای آستمال در سوی جنوبی آن واقع شده‌اند. این محدوده از نظر گردشگری، طبیعتی بسیار چشم‌نواز و جذاب را در بر می‌گیرد.

شکل ۱-۱۲، نقشه توپوگرافی استان آذربایجان خاوری را نشان می‌دهد که مطابق با آن، چهار محدوده کلی به شرح زیر دیده می‌شود:

۱. ارتفاعات زیر ۱۰۰۰ متر از سطح دریا که شهرهای جلفا و خداآفرین و دشت‌های نزدیک به ارس را دربر می‌گیرد.
۲. ارتفاعات بین ۱۰۰۰ تا ۲۰۰۰ متر که شامل بیشتر شهرهای استان می‌باشد، همچنین دشت‌های کشاورزی و مراکز صنعتی را تشکیل می‌دهد.
۳. ارتفاع بین ۲۰۰۰ تا ۳۰۰۰ متر که وسعت کمی از استان را شامل می‌شود.
۴. مناطقی با ارتفاع بیش از ۳۰۰۰ متر از سطح دریا که بیشتر شامل قله‌ها (قله سهند و...) می‌شود.

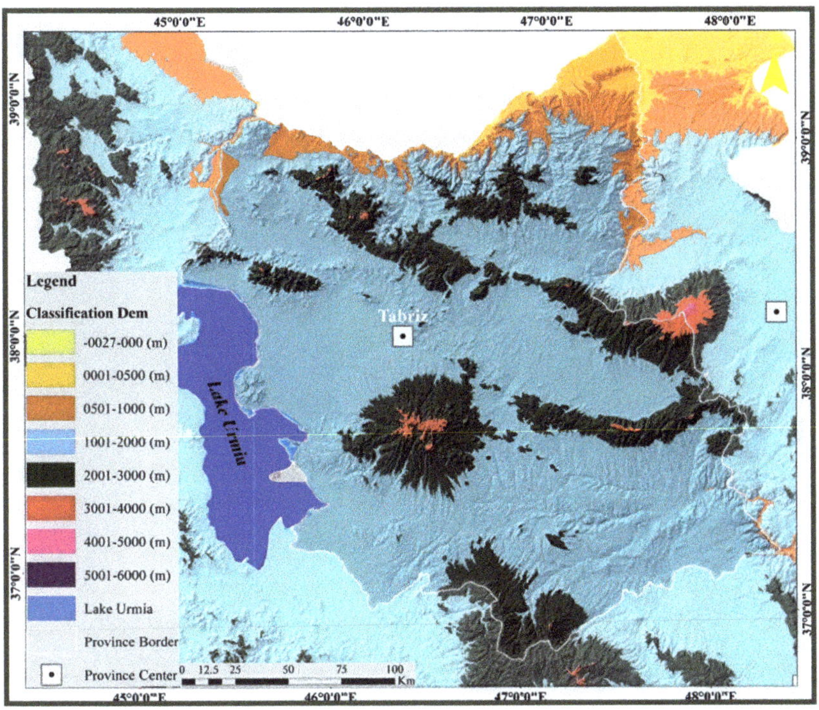

شکل ۱-۱۲. نقشه توپوگرافی استان آذربایجان خاوری.

۶-۱ چکیده زمین شناسی استان

به‌طورکلی استان آذربایجان خاوری دارای دو گروه بزرگ سنگی است که هر دو از نظر زمانی به‌صورت زیر قابل‌تقسیم است:

۱-۶-۱ سنگ‌های دوران اول و دوم:

عموماً از نوع رسوبی و در مناطق زیر فراوان‌تر هستند.

- منطقه عجب‌شیر که سنگ‌های دوران اول و دوم در آن فراوان و از نوع رسوبی‌اند.
- منطقه کوه مورو و میشو که سنگ‌های آذرین و رسوبی دوران اول زمین‌شناسی و نیز سنگ‌های رسوبی دوران دوم را شامل می‌شوند.

۲-۶-۱ سنگ‌های دوران سوم

به‌طور عمده از نوع آذرین هستند و بیشتر مناطق استان مانند میانه، اهر، ارسباران و خاروانا را پوشش می‌دهند. همچنین سنگ‌های رسوبی این دوران به‌طور عمده از ماسه‌سنگ و رس سنگ تشکیل شده‌اند و رنگ قرمز و رنگین دارند؛ مانند نواحی اطراف تبریز-اهر. همچنین سنگ‌های تبخیری و نمکی مربوط به اواخر دوران سوم زمین‌شناسی مانند ناحیه خواجه و نواحی شمال و جنوب میانه. شکل ۱-۱۳ نقشه زمین‌شناسی استان آذربایجان خاوری را نشان می‌دهد.

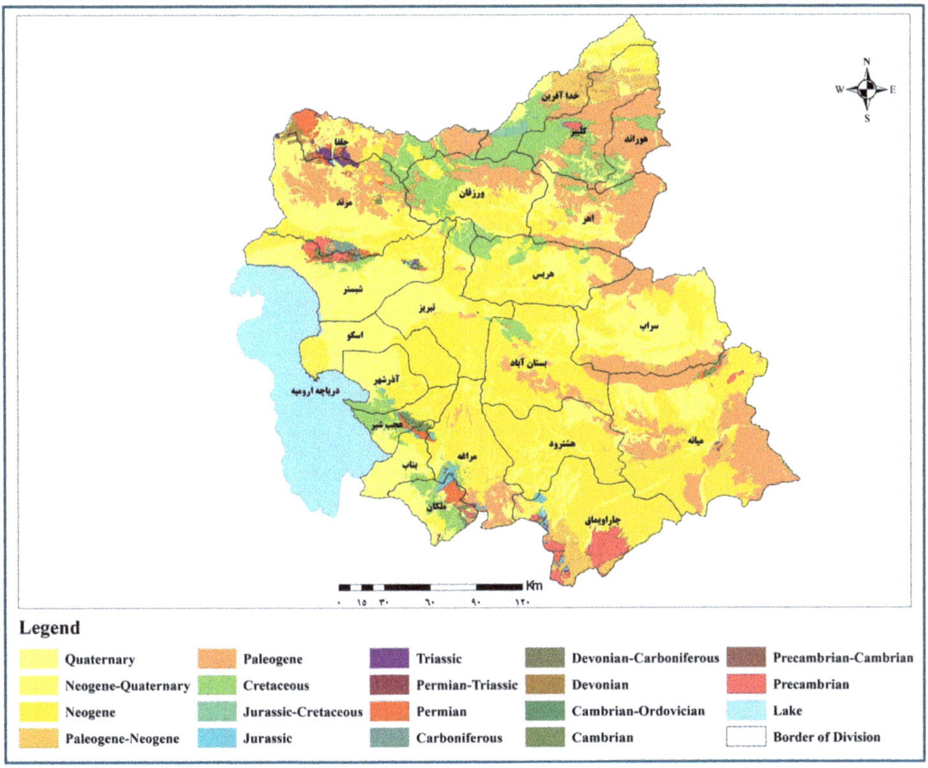

شکل ۱-۱۳. نقشه زمین‌شناسی استان آذربایجان خاوری.

نماهایی از پرواز عقاب در جاده هریس.

فصل دوم

اشاره‌ای به تاریخ استان آذربایجان خاوری

شهر تبریز است و تاریخ در دلش جاکرده خوش

فخر تاریخ است و اما، به همه افتادگی

این دیار قهرمانان، قهرمان می‌پرورد

آب و خاک و نام یادش با تمام خستگی

«دکتر بشیر بیگ بابایی»

۲-۱ مقدمه

آذربایجان یکی از بخش‌های مهم و کهن تمدن پیشاتاریخی ایران به شمار می‌آید که در آن صدها محوطه باستانی کشف شده است. در این سرزمین، اقوام و تمدن‌های باستانی متعددی مانند ماناها، اورارتوها[1] و جوامعی از دوره عصر آهن ۱ و ۲ می‌زیسته‌اند که شواهد آنها به‌ویژه در گورستان‌های عصر آهن ۲ به چشم می‌خورد. ساکنان نخستینِ آذربایجان، با قبایل مجاور و مهاجران آریایی در شکل‌گیری دولت ماد نقش مؤثری داشتند. در هزاره اول و دوم پیش از میلاد، مردم بومی همانند اورارتوها و ماناها با مهاجرانی از شمال، یعنی ساکنان عصر آهن ۱ و ۲ و مردمانی از شمال و باختر دریای کاسپین، درآمیختند؛ گروهی که بعدها با عنوان آریایی‌ها شناخته شدند. به طور کلی، تاریخ آذربایجان پیش از تأسیس دولت ماد، بخشی از تاریخ کهن ایران است و پس از آن، به ویژه در دوران هخامنشیان، اشکانیان و ساسانیان بیشتر از مردم آتورپاتکان در این سرزمین یاد شده است.

در دوران باستان، آذربایجان بخشی از دولت ماد به‌شمار می‌رفت و از شمال با آران (جمهوری آذربایجان کنونی و مرکز آن، باکو)، از جنوب باختری با آشور (در شمال خاور عراق فعلی)، از شمال باختری با ارمنستان و از خاور با ایالت‌های مغان و گیلان هم‌مرز بود. محدوده کنونی آذربایجان از شمال به رود ارس، از باختر به استان کردستان و کشور ترکیه، از جنوب به کردستان و از خاور به کوه‌های تالش محدود می‌شود و شامل استان‌های آذربایجان شرقی، آذربایجان غربی و اردبیل است که عمدتاً آذری‌نشین هستند، هرچند بخش‌هایی از آذربایجان باختری ساکنان کرد هم دارد.

1- Urartu

نام آذربایگان و شکل‌های معرب آن یعنی آذربایجان و آذربادگان هر سه در منابع تاریخی ایران ثبت شده‌اند. فردوسی نیز در شاهنامه از آذرابادگان یاد کرده است و چنین می‌گوید:

«بیک ماه در آذرابادگان ببودند شاهان و آزادگان»

آذربایگان در منابع عربی به صورت «آذربایجان» و در منابع ارمنی به شکل «آذربایاقان» ثبت شده است. در منابع پهلوی نیز این منطقه با نام «آتورپاتکان» آمده است. قبل از تشکیل دولت ماد که آذربایجان نیز بخشی از آن بود، در سرزمین‌های شمال باختری اقوامی مانند اورارتورها، ماناها و اقوام کهن دیگری همچون کاسی‌ها و گوتی‌ها در جنوب-جنوب باختری این منطقه ساکن بودند. به هر حال، آنچه روشن است این است که در سرزمین‌های آذربایجان پیش از تشکیل دولت ماد، مردمانی زندگی می‌کردند. این اقوام کهن و مهاجران پیش از ماد و همچنین اقوام تشکیل‌دهنده دولت ماد همه آریایی محسوب می‌شوند؛ بنابراین، تمامی مردم آذربایجان آریایی و از اقوام اصیل ایرانی بوده‌اند که در شکل‌گیری نخستین دولت ایرانی، یعنی ماد، نقش داشتند. نام آذربایجان برگرفته از واژه «آتورپاتکان» است که ترکیبی از سه بخش «آتور» یا «آذر»[۱] به معنای آتش، «پات» از مصدر «پاییدن» به معنی نگهبانی و «کان» به عنوان پسوند مکان و معنی سرزمین می‌باشد. برخی جغرافیدانان پس از اسلام نیز نام آذربایجان را مرکب از دو واژه «آذر» به معنی آتش و «بایگان» به معنای نگهبان دانسته‌اند. بنابراین، در زمان دولت‌های ایران باستان مانند هخامنشیان، اشکانیان و ساسانیان و همچنین در نخستین دولت‌های ملی پس از اسلام مانند صفویه، افشاریه و زندیه، و تا زمان فتحعلی‌شاه قاجار، کل منطقه قفقاز بخش وسیعی از کشور یکپارچه ایران به شمار می‌رفت.

از دید تشکیل دولت سیاسی در ایران می‌توان گفت، سه دولت بزرگ ملی در آذربایجان شکل گرفته است.

۱. **دولت ماد** که در آذربایجان، کردستان، همدان و به‌طورکلی در شمال باختری و باختر ایران شکل می‌گیرد.
۲. **دولت اتورپات** که در زمان هخامنشیان یکی از بخش‌های مهم آن دولت محسوب می‌شد. دولت آتورپارت در اصل به‌عنوان یک ساتراپ هخامنشی بود. دولت آتورپات در زمان حمله اسکندر مانع اشغال این منطقه توسط متجاوزان روم و یونان می‌شود و در زمان اشکانیان یکی از دولت‌های محلی تابع اشکانیان بوده‌اند. در زمان ساسانیان نیز خاندان اتورپات، کارگزاران دولت ساسانی بوده‌اند.
۳. **دولت صفوی** نخستین دولت فراگیر ملی بعد از حمله اعراب می‌باشد که، در آذربایجان

۱- در منابع دیگر آذر= آذر+ ار در زبان یعنی مبارک و نیز سرخگون آمده است و گاه معنای پدر هم آمده است. آذربایجان یعنی پدر یا پدر توانگر مبارک (تبریز درگذر تاریخ، ایوب نیکنام لاله و فریبرز ذوقی، ۱۳۹۴).

(اردبیل و تبریز) شکل می‌گیرد.

دولت صفوی هرچند دارای برخی خصوصیات حکومتی غیر پسندیده از جمله وجود تعصبات خاص مذهبی و حضور یک مجموعه‌ی خرافی همراه با خود بود؛ اما این دولت نخستین دولت ملی تاریخ بعد از اسلام است. این دولت و اقوام تشکیل‌دهنده آن آذربایجانی بودند و سه دولت یاد شده افتخار سرزمین ایران و آذربایجان هستند.

در گفتار و نوشته‌های باستان‌شناسان و پژوهشگران، سرزمین‌های ایران با واژه‌های کهن «آریا» یا «آیران» (Aryan یا Aeran) و همچنین در زبان فارسی باستان، اوستا (Airia)، بارها و به‌تفصیل توصیف شده است؛ سرزمینی که بخش‌های وسیعی از ایران کنونی، خراسان بزرگ و آذربایجان را در بر می‌گرفته است. بر اساس نظر دانشمند فرانسوی ایران‌پژوه، ایرانویچ، نام «آران» در قفقاز و بخشی از آذربایجان امروزی یکی است. افزون بر این، می‌دانیم که تا دوران روسیه تزاری، سرزمین کشور آذربایجان و بخشی از استان آذربایجان در ایران با نام «اران» شناخته می‌شد و این واژه نیز می‌تواند با ریشه آریایی پیوند داشته باشد.

پس از تأسیس دولت ماد، آذربایجان به‌عنوان مقابلی برای ماد بزرگ که شهرهای همدان، ری و کرمانشاه را در بر می‌گرفت، «ماد کوچک» نامیده شد. مردمان آذربایجان پیش از تشکیل دولت ماد و پیش از مهاجرت اقوام منسوب به آریایی‌های مهاجر از جنوب روسیه، اوکراین و شمال میانرودان، اقوام کهن ایرانی در ناحیه آذربایجان می‌زیستند. شواهد و آثار این اقوام از جمله روستای سنگر در نزدیکی ماکو، کتیبه ارسباران در منطقه ورزقان (بر اساس نوشته محمدجواد مشکور در تاریخ اورارتویی) و همچنین کتیبه‌های اورارتویی در ارتفاعات شمالی سراب قابل پیگیری است. به جز انسان‌های عصر آهن که کیش آریایی داشتند، اولین دولتی که در آذربایجان و مناطق گسترده‌تر تشکیل حکومت داد، دولت اورارتورها بود.

۲-۲ آذربایجان خاوری در دوران کهن

۲-۲-۱ آذربایجان در عصر آهن

در نزدیکی موزه بزرگ آذربایجان در تبریز، موزه‌ای وجود دارد که به موزه عصر آهن شهرت یافته است. این موزه در اصل قبرستانی مربوط به انسان‌هایی با تمدن پیشرفته است که بر اساس شواهد به‌دست آمده، دارای کیش مهر بوده‌اند. سطح این قبرستان حدود ۶/۳ متر پایین‌تر از سطح کنونی شهر قرار دارد و به قبرستان عصر آهن ۲ معروف است. وسعت آن تقریباً سه هکتار است که در حال حاضر تنها بخش کوچکی از آن نمایان شده است. در این قبرستان، همراه با دفن اجساد، مقداری مواد غذایی و آب نیز گذاشته می‌شد. چون این مردم کیش میترا را داشتند، اگر زمان فوت صبح یا پیش از ظهر بود، جنازه را به گونه‌ای در قبر می‌خواباندند که صورت آن رو به خورشید و به سمت خاور باشد (شکل ۲-۱). اگر مرگ در بعدازظهر اتفاق می‌افتاد، پیکر را به

گونه‌ای قرار می‌دادند که صورت به سمت باختر باشد. این حالت در تمامی اجساد دفن شده دیده می‌شود (شکل ۲-۲). شواهد به‌دست آمده از قبرستان نشان می‌دهد که بین زنان و مردان آن عصر دلبستگی و تعهد زیادی وجود داشته است (شکل ۲-۳).

شکل ۲-۱. نمایی از جسد دفن شده به سمت خاور.

شکل ۲-۲. نمایی از جسد دفن شده به سمت باختر

شکل ۲-۳-۲. نمایی از دفن اجساد عصر آهن کنار هم که نشان از دلبستگی و تعهد آنها دارد.

۲-۲-۲ اشاره‌ای به تاریخ اورارتوها

اورارتورها، قومی کهن بودند که در قرن نهم تا ششم قبل از میلاد (اوج قدرت در این زمان) در مناطق شمال باختری ایران، ارمنستان و خاور ترکیه امروزی زندگی می‌کردند. این قوم به‌عنوان یکی از تمدن‌های قوی در منطقه آذربایجان، قفقاز و خاور آناتولی شناخته می‌شود. تاریخ آنها با تأسیس پادشاهی اورارتو در حوالی دریاچه وان و باختر دریاچه ارومیه آغاز شد.

ما اورارتورها را اورارتور می‌نامیم، به دلیل اینکه آشوری‌ها آنها را اورارتور می‌نامیدند. در کتیبه‌های آشوری میانرودان از اوررتور یاد شده (اوررتو یا بعدها اورشتو) است. اما اورارتورها به خودشان این نام را اطلاق نمی‌کردند. آنها دو نام را برای خودشان به کار می‌بردند. آنها به خودشان مردم سرزمین بی‌یا می‌گفتند، که با نام بیایینلی یا بیاینیلی در کتیبه‌هایشان یاد شده است. در مواقعی هم پادشاهی برای آنکه خودش را مهمتر جلوه دهد، خود را شاه سرزمین توشپا (توشپا پایتخت اورارتورها است) می‌نامید. بنابراین دو لفظ بی‌یا و توشپا برای این سرزمین به کار رفته است(مریم دارا).

پادشاهی اورارتو: به رهبری پادشاهانی چون ارگیشتی اول در اوج قدرت خود قرار داشت. اورارتورها به دلیل آشنایی با امور نظامی و فنی، نظام‌های آبیاری و ساخت‌وسازهای سنگی عظیم، مکانیسم‌های پیچیده‌ای در انضباط اجتماعی و نظامی ایجاد کردند. اورارتورها در نواحی

کوهستانی و جنگلی سکونت داشتند و بر سرچشمه‌های آب و مناطق زراعی به دامداری و کشاورزی می‌پرداختند. از مهمترین مناطق جغرافیایی آنها می‌توان به موارد زیر اشاره کرد:

- دریاچه وان: که به عنوان مرکز پادشاهی اورارتو مشهور بود.
- آذربایجان و قفقاز که مرز طبیعی و استراتژیکی برای دفاع برابر اقوام دیگر بودند.

فرهنگ و کشاورزی: اورارتوها به‌خاطر فنون زراعی، به‌ویژه در تولید غلات و استفاده از فلزات نظیر مس و آهن، مشهور بودند. آثار باستان‌شناسی نشان می‌دهد که آنان به ساخت ابزارهای پیچیده و هنرهای دستی مانند سفالگری و ساخت آثار گران‌بها پرداخته‌اند.

جنگ‌ها و عطوفت‌های سیاسی: این قوم با سایر ملت‌ها، ازجمله آشوری‌ها و گاه اقوام دیگر ایرانی و غیرایرانی، جنگ‌های متعددی داشتند و در برخی مواقع هم‌پیمان‌های سودمندی پیدا کردند. جنگ‌های اورارتوها اغلب بر سر تسلط بر منابع آبی و خاک‌های حاصلخیز بود. از اورارتورها چندین کتیبه باقی مانده است که معروف‌ترین آن‌ها در آذربایجان خاوری عبارت‌اند از:

کتیبه یازیلیق(رازیلیق): در منطقه سراب و در کوه زاغان یافت شده است (شکل ۲-۴). مفهوم این کتیبه که بازخوانی شده به شرح زیر است:

"به حول و قوه خالدی، آرگیشتی پسر روسا می‌گوید: من در یک عملیات نظامی به سرزمین آرهو رفتم. در این مکان، بر سرزمین‌های دشمن اوشولونی و سرزمین بوقو غلبه کردم. تا کنار رودخانه پیش رفتم و از آنجا بازگشتم و سرزمین‌های گیردو، گیتوهانی و توایشدو را تسخیر کردم و دارایی‌های آنها را به عنوان باج گرفتم. این قلعه را در جنگ فتح کردم، دوباره بازسازی نمودم و نام آن را «پادگان آرگیشتی» گذاشتم؛ به‌خاطر تقویت بیایینلی برای مطیع ساختن سرزمین‌های دشمن. به حول و عظمت خالدی، من آرگیشتی هستم؛ پادشاه نیرومند، پادشاه کشورهای آرمی، پادشاه بیایینلی، پادشاه پادشاهان، فرمانروای شهر توشپا. آرگیشتی می‌گوید: هر کس نام مرا محو کند یا به این کتیبه خسارتی وارد آورد، باشد که خالدی، خدای طوفان و خدای خورشید، همه‌اش را زیر نور خورشید نابود سازد."

شکل ۲-۴. نمایی از سنگ نبشته رازلیق در موزه آذربایجان.

کتیبه شیشه: در ۴۰ کیلومتری شمال خاوری اهر در ارتفاعات ارسباران در خاور روستای شیشه از توابع هوراند قرار دارد. این کتیبه توسط علیرضا هژبری نوبری در شهریورماه ۱۳۷۷ کشف شده است. این کتیبه چون شباهتی به صندوق دارد، به صندوق داشی معروف و ابعاد آن ۱۰ در۹۰ در ۱۴۰ سانتیمتر است (شکل ۲-۴). ترجمه متن کتیبه به شرح زیر است:

"به حول و قوه خالدی، آرگیشتی، پسر روسا، می‌گوید: به‌طرف سرزمین آرهو حرکت کردم و در این مکان بر سرزمین دشمن اوشولونی و سرزمین بوقو فائق آمدم. به رودخانه رسیدم. سرزمین یا شهر x را فتح کردم. من گرفتم (سه خط از بین رفته است). برای خالدی، فرمانروا، آرگیشتی می‌گوید: این قلعه...، شهر ... ساختم و نام «پادگان خالدی» را بر آن نهاد، برای قدرت‌بخشی به بیایینلی و محدود ساختن سرزمین دشمن. آرگیشتی، پسر روسا، می‌گوید: هرکس به این کتیبه آسیب بزند یا نام مرا محو کند و نام خود را بر آن قرار دهد، نابود باد به دست خدای خالدی، خدای طوفان و خدای خورشید؛ باشد که اسم و فرزندانش را از زیر نور خورشید محو سازد."

شکل ۲-۵. کتیبه شیشه در دامنه کوه شوشا نزدیک اهر

کتیبه نشتبان: در ۲۵ کیلومتری خاور شهرستان سراب و در روستای قیرخ قیزلار (نشتبان) قرار دارد. محتویات نوشته‌های این کتیبه تقریباً مشابه ترجمه کتیبه دیگر است.

شکل ۲-۶. نمایی از کتیبه نشتبان در موزه آذربایجان.

۲-۳ آذربایجان خاوری در زمان باستان

۲-۳-۱ دولت اتورپارت

در زمان هخامنشیان، آذربایجان بخشی از سرزمین بزرگ هخامنش بود. بنا به قول استرابون، جغرافی‌نویس یونانی، پس از غلبه اسکندر مقدونی بر ایران، سرداری به نام آتورپات (آتروپات) در آذربایگان برخاست و مانع شد که این سرزمین به تصرف یونانیان درآید. از آن پس، این ناحیه به نام آتورپاتکان خوانده شد. او از سوی مردم همان سرزمین به پادشاهی انتخاب شد و آن منطقه را به صورت مستقل اداره می‌کرد. بعد از تأسیس دولت سلوکی نیز، آتورپات در سلطنت آذربایجان باقی ماند و از نفوذ آداب و رسوم و تمدن یونانی در آذربایجان جلوگیری کرد؛ به‌گونه‌ای که آذربایجان در این زمان تکیه‌گاه ایران در مقابل یونان شد.

حکومت جانشینان آتورپات در آذربایجان در زمان اشکانیان نیز ادامه یافت و جزو استان‌های آن به شمار می‌رفت. استرابون (۶۳ قبل از میلاد تا ۱۹ میلادی) می‌گوید: مردم آتروپاتنه اجازه ندادند این سرزمین زیر فرمان مقدونیان درآید و جانشینان آنها از همان خاندان بوده‌اند و گاهی با پادشاهان ارمنستان و حکام سوریه خویشی داشته‌اند.

بنابراین، حکومت خاندان آتورپات تا زمان استرابون، حکومتی مستقل بود و پس از آن نیز با حفظ استقلال نسبی، تحت حمایت سلاطین اشکانی قرار داشت. سرانجام، اردشیر بابکان، مؤسس سلسله ساسانی، بر آنها استیلا یافت.

۲-۳-۲ آذربایجان در زمان ساسانیان

آذربایجان در زمان ساسانیان یکی از ایالت‌های مهم این سلسله به شمار می‌رفت. به‌ویژه به دلیل قرارگیری نزدیک به دولت روم خاوری که گاه در جنگ با ارمنستان و گرجستان امروزی بود، اهمیت بالایی داشت. این منطقه همچون دژی برای نگهداری و پاسداری از نواحی باختری آذربایجان و شمال باختری کاسپین (منطقه قفقاز) عمل می‌کرد.

در دوره ساسانیان، یکی از آتشکده‌های بزرگ و مهم این سلسله در شهر گنجه (تخت سلیمان فعلی) واقع بود و از نظر آیین زرتشت، آذربایجان اهمیت خاصی داشت. همچنین در این دوران، دو شهر مراغه در باختر و اردبیل در خاور از تبریز امروزی مهم‌تر قلمداد می‌شدند.

۲-۴ آذربایجان بعد از اسلام

آذربایجان در سال‌های ۲۰ تا ۲۲ خورشیدی، در زمان خلافت عمر، به تصرف مغیره بن شعبه و حذیفه بن الیمان، دو سردار عرب درآمد. نام آذربایجان در دوره خلفای بني‌امیه و اوایل بني‌عباس کمتر مطرح بود، اما با قیام بابک خرمدین، سردار بزرگ ایرانی، بین سال‌های ۱۹۸ تا

۲۰۶ خورشیدی و جنگ‌های خونین او علیه حکومت عباسیان که باعث تضعیف نفوذ خلیفه شد، بار دیگر نام آذربایجان بر سر زبان‌ها افتاد. در آذربایجان، مردم وطن‌دوست دیگری نیز علیه سلطه اعراب قیام کردند و در دوره‌هایی نیز حکومت‌هایی مستقل در این سرزمین شکل گرفت. از جمله، از سال ۲۶۹ تا حدود سال ۳۱۴ خورشیدی، حکومت آذربایجان تحت حکمرانی بنی‌ساج بود. هرچند این خاندان ابتدا با قیام علیه حکومت خلفا در آذربایجان دولتی مستقل تأسیس کرد، اما در نهایت از دست‌نشاندگان خلفا محسوب می‌شدند.

ساجیان خاندان ایرانی از تبار سغدی بودند. هرچند برخی ابوالساج را از خاندان ترک آسیای میانه و از اعضا و فرماندهان افشین که علیه بابک جنگیدند دانسته‌اند؛ این احتمال درست‌تر به نظر می‌رسد زیرا خود افشین از نوادگان پادشاه ناحیه سغد (دولت کوشان، تاجیکستان امروزی و بلخ افغانستان) بود و احتمالاً در جنگ با بابک از افراد خود نیز استفاده کرده است. افشین پس از شکست بابک، توسط خلیفه کشته شد (قربانی، م. ۱۴۰۲).

در مورد حکومت ساجیان بر آذربایجان گفته شده است که پایتخت آنها ابتدا مراغه، سپس سراب و اردبیل بوده است. در منابع مربوط به خاندان بنی‌ساج اطلاعات متضادی وجود دارد؛ برخی آنها را گماشته خلفای عباسی دانسته‌اند و برخی دیگر مخالف خلفا، هرچند طبق شواهد تاریخی، خود با تأیید خلفا سرکار آمدند.

بعد از ساجیان، دیسم بر منطقه تسلط یافت و تا سال ۳۲۷ خورشیدی در آنجا حکومت کرد. در دوران حکومت بنی‌ساج، دیسم و مرزبان، حاکمان منطقه شمالی رودخانه ارس به حاکمان آذربایجان خراج می‌دادند که مهمترین آنها شامل شروان‌شاهان، خداوندان شکی، حاکمان گرجستان، روادیان و حاکمان ارمنستان بود.

این حکومت‌ها همزمان با حکومت‌های طاهریان، صفاریان، سامانیان و غزنویان بودند که بیشتر قلمروشان در خراسان بود. پس از ظهور سلجوقیان، خانواده روادیان که مرکز حکومتشان تبریز بود و خانواده احمدیلیان که مقر حکومتشان مراغه بود، حاکم بودند.

با ظهور طغرل اول، مؤسس سلسله سلجوقی (۴۱۶-۴۴۱ خ)، خاندان روادی رو به انقراض نهاد و قلمرو آنها به تصرف سلجوقیان درآمد؛ خانواده احمدیلیان نیز به اطاعت سلجوقیان درآمدند. در دوران سلجوقیان، کل شمال باختری و باختر ایران تحت حاکمیت آنان درآمد، اما با مرگ ملکشاه (۴۵۱-۴۷۱ خ) وحدت دولت سلجوقی از بین رفت و سلجوقیان آذربایجان نیز ضعیف شدند.

سلطان مسعود سلجوقی (۵۱۳-۵۳۱ خ) در سال ۵۲۵ خورشیدی، حکومت آذربایجان و آران را به شمس‌الدین ایلدگز سپرد که مأمور جهاد با گرجیان مسیحی بود که دائم به این نواحی تاخت‌وتاز می‌کردند. حکومت آذربایجان از سال ۵۲۵ خورشیدی در خاندان ایلدگز به صورت

موروثی باقی ماند و تا سال ۶۰۷ خورشیدی ادامه داشت. در این سال، زمانی که سلطان جلال‌الدین خوارزمشاه در گنجه اقامت داشت، قزل ارسلان (اتابک خاموش) نزد او رفت و تسلیم شد. سپس از آنجا رهسپار الموت شد و در همانجا درگذشت. به این ترتیب، سلسله اتابکان آذربایجان پس از تقریباً ۸۵ سال حکومت منقرض شد.

۲-۴-۱ آذربایجان در زمان مغولان

مغولان پس از ویران کردن شهرهای ماوراءالنهر (فرارودان) و خراسان، در تعقیب محمد خوارزمشاه به سوی آذربایجان رهسپار شدند و برخی شهرهای این منطقه ازجمله اردبیل و سراب را ویران کردند. در این زمان، اتابک ازبک با حسن تدبیر و دادن هدایای فراوان توانست تبریز را از خرابی سپاهیان مغول نجات دهد.

در سال ۶۵۱ خورشیدی، هنگامی که هلاکوخان مأمور سرکوب اسماعیلیان و فتح بغداد شد، مراغه را پایتخت خود قرارداد. پس از مرگ وی، پسرش اباقاخان (۶۴۳-۶۶۲ خ) پایتخت را به تبریز منتقل کرد که تا سلطنت سلطان محمد اولجایتو (۶۸۲-۶۹۵ خ) مرکز حکومت و مقر ایلخانان باقی ماند. سلطان محمد در سال ۶۸۳ خورشیدی، سلطانیه را در نزدیکی زنجان بنا کرد و آنجا را مقر حکومت خود ساخت.

در سال ۷۶۵ خورشیدی، امیر تیمور گورکانی آذربایجان را از تصرف ایلخانان خارج کرد و آنجا را به پسر خود جلال‌الدین میرانشاه سپرد. پس از درگذشت میرانشاه، حکومت آذربایجان به یکی از پسرانش به نام محمدعمر رسید. بعد از درگذشت امیر تیمور، قرایوسف ترکمان به آذربایجان آمد و در سال ۷۸۵ خورشیدی، میرزا ابابکر، پسر دیگر میرانشاه را شکست داده و تبریز را تصرف کرد.

شاهرخ در سال ۷۹۹ خورشیدی به قصد تصرف عازم آذربایجان شد. قرایوسف از طایفه قراقیونلو برای مقابله به سوی او شتافت، لیکن قبل از شروع جنگ، غفلتاً درگذشت. پسران وی یعنی اسکندر و جهانشاه (شاه بزرگ قراقیونلو) چندین بار با شاهرخ جنگیدند و هر بار شکست خوردند. سرانجام جهانشاه حکمرانی شاهرخ را پذیرفت و سلسله آنها به این حالت ادامه یافت.

در سال ۸۴۶ خورشیدی، جهانشاه مغلوب سپاهیان اوزون‌حسن، رئیس قبیله ترکمانان آققویونلو گردید. در نتیجه، آذربایجان به تصرف اوزونحسن درآمد و از همین تاریخ تا سال ۸۸۰ خورشیدی، جانشینان وی آذربایجان و بسیاری از نقاط باختر ایران را در تصرف داشتند تا اینکه با تشکیل حکومت صفوی در آذربایجان، این ناحیه به تسلط صفویه درآمد.

۲-۴-۲ آذربایجان در زمان صفوی

با تشکیل دولت صفوی که ریشه آذری داشت، در سراسر ایران پس از اسلام، حکومت یکپارچه ملی دوباره شکل گرفت و ایرانیان تا حد زیادی هویت ملی خود را بازیافتند. وقتی شاه اسماعیل دولت آققویونلو را شکست داد و دولت صفوی را تشکیل داد، تبریز را به‌عنوان پایتخت برگزید.

پس از صفویان، افشاریان به حکمرانی رسیدند و نادرشاه افشار جشن برگزیده شدنش و انتقال قدرت از صفویان به افشاریان را در دشت مغان برگزار کرد.

پس از مرگ نادرشاه، هراکلیوس، امیر گرجستان، نه‌تنها خود را از قید اطاعت ایران آزاد ساخت، بلکه بخشی از خاک ایران را تا حدود رود ارس به قلمرو خود افزود، زیرا می‌دانست ایران هرگاه سامان یابد، به گرجستان حمله خواهد کرد. علاوه بر این، برای حفظ خود در برابر این خطر، در سال ۱۱۴۴ خورشیدی معاهده‌ای با کاترین دوم، امپراتور روسیه، بست که بر اساس آن گرجستان را تحت حمایت آن دولت قرار داد.

در سال ۱۱۷۱ خورشیدی، هراکلیوس گنجه را به تصرف خود درآورد. آغامحمدخان قاجار در این برهه به او پیشنهاد کرد که در ازای واگذاری ایروان، قراباغ، شکی، شروان و آذربایجان، از تبعیت دولت روسیه خارج شود و مانند پیش، حاکمیت ایران را بپذیرد و همچون زمان صفویه، گرجستان خراج‌گزار ایران باشد؛ اما این پیشنهاد مورد قبول هراکلیوس قرار نگرفت.

در نتیجه، آغامحمدخان در سال ۱۱۷۳ خورشیدی راهی گرجستان شد و تفلیس را به تصرف خود درآورد. در اواخر سال ۱۱۷۴ خورشیدی، سپاهیانی از جانب روسیه به کمک هراکلیوس آمدند؛ اما همزمان با درگذشت کاترین و جانشینی پسرش پل، قوای روس قفقاز را ترک کردند و به قلمرو خود بازگشتند. پس از مرگ هراکلیوس، پسرش گیورکی (گرگین خان) به جای پدر نشست. وی نیز خود را تحت حمایت روس قرار داد. با درگذشت گیورکی، روس‌ها رسماً گرجستان را به خاک خود افزودند.

پس از الحاق گرجستان به روسیه، یکی از برادران گیورکی به نام الکساندر به دربار فتحعلی‌شاه پناهنده شد و او را برای پس‌گرفتن گرجستان تحریک کرد. فتحعلی‌شاه به علت علاقه زیاد به گرجستان و به بهانه حمایت از الکساندر، به گرجستان لشکر کشید که این کار منجر به دو جنگ و شکست ایران شد و طی دو عهدنامه خفت‌بار، تمام شهرهای قفقاز از ایران جدا و ضمیمه خاک روسیه گردید.

در واقع، پس از شکست فتحعلی‌شاه در جنگ اول، برخی افراد به‌خصوص روحانیون با این استدلال که مسلمانان نباید زیر حاکمیت غیرمسلمان باشند و باید جهاد کنند، شاه را به مقابله تحریک کردند، اما این کار بدون مطالعه و سنجیدن قدرت طرف مقابل و شرایط سیاسی و اقتصادی انجام شد که نتیجه آن شکست دوباره ایران بود. نتیجه شکست دولت قاجار در این جنگ، دو عهدنامه ذلت‌بار بود که بر اساس آنها منطقه قفقاز به‌کلی از ایران جدا و به روسیه واگذار شد. خوشبختانه پس از فروپاشی اتحاد جماهیر شوروی، ملت‌های قفقاز استقلال یافتند و کشورهای جداگانه و مستقلی تشکیل دادند که این امر به نفع ملت ایران است؛ زیرا ضمن احترام به حاکمیت و مرزهای سیاسی، این کشورها دوستان خوبی هستند و ممکن است در تشکیل اتحادیه‌های سیاسی، اقتصادی، فرهنگی و هنری متحدان بهتری باشند.

از اوایل دوره سلسله قاجار، آذربایجان به علت واقع‌شدن میان دولت‌های روسیه و عثمانی، موقعیت قابل توجهی کسب کرد. به همین دلیل، از زمان فتحعلی‌شاه قاجار، هر یک از پسران شاه که ولیعهد می‌شد، با اقامت در تبریز، عملاً حاکم تبریز نیز بود و تبریز در زمان قاجار به‌عنوان پایتخت دوم ایران شناخته می‌شد. به همین خاطر است که تبریز و آذربایجان در انقلاب مشروطیت نقش بسیار مهمی داشتند. بسیاری از چهره‌های برجسته مشروطیت، از جمله ستارخان، باقرخان، میرزا فتحعلی آخوندزاده و... از آذربایجان برخاستند. ستارخان یک میهن‌پرست واقعی بود. زمانی که نماینده تزار روس در آذربایجان به ستارخان پیشنهاد می‌کند که برای در امان ماندن، پرچم روس را بر سردر خانه خود نصب کن این بزرگ مرد اینگونه جواب وی را می‌دهد "من می‌خواهم هفت دولت زیر سایه بیرق ایران باشد شما می‌خواهید من زیر بیرق روس بروم؟ هرگز چنین کاری نخواهد شد."

از دوران تزارها، روس‌ها همواره به آذربایجان در جنوب رود ارس چشم داشتند و همین طمع و چشم‌داشت بود که باعث شد سرزمین‌های ایرانی در شمال رود ارس که از ایران جدا شده بود (منطقه اران)، به نام آذربایجان خوانده شود. پس از تزارها، بلشویک‌ها که اتحاد جماهیر شوروی را تشکیل دادند نیز به علت طمع به آذربایجان و آب‌های گرم ایران، این ایده را دنبال کردند و سرزمین‌های اران را آذربایجان نامیدند.

این مسئله تا آنجا پیش رفت که پس از جنگ جهانی دوم و سقوط رضاشاه، روس‌ها به کمک مزدورانی مانند پیشه‌وری، با سودای جداکردن خطه آذربایجان فعلی، فرقه دموکرات آذربایجان را ایجاد کردند. در اصل، اتحاد جماهیر شوروی زاده تزارها بود و رهبران فرقه‌های چپ جدایی‌طلب و احزاب چپ طرفدار شوروی سابق از نوادگان تزارها بودند! عملکرد این احزاب در طول دوران فعالیتشان عمدتاً در خدمت اتحاد شوروی سابق یا روسیه کنونی بوده است.

آذربایجان با ویژگی‌های بزرگ و دوست‌داشتنی، همواره بخش بزرگی از پیکر ایران در تاریخ بوده و خواهد بود. بخش بزرگی از تمدن باشکوه ایران مدیون و یادگار مردم شجاع آذربایجان است. جدا از رویدادها و مسائل تاریخی که نقش آذربایجانی‌ها را در طول تاریخ ایران نشان می‌دهد، بسیاری از بزرگان برجسته اندیشه، هنر، فرهنگ، علم و صنعت ایران نیز آذربایجانی هستند.

فصل سوم

مردم‌شناسی، فرهنگ، میراث فرهنگی

۳-۱ مقدمه

آذربایجان خاوری به‌دلیل تاریخ و تمدن کهن، تحولات تاریخی و طبیعت غنی و مناسب برای زندگی، پایتخت چندین سلسله در شهرهای تبریز و مراغه بوده و با هم‌جواری با ترکیه کنونی (عثمانی سابق) و کشورهای شمال ارس، در تعامل با آن‌ها و داشته‌های خود دارای جایگاه فرهنگ و هنری بالایی هستند که همراه با دیگر استان‌های ایران، فرهنگ و هنر ایران را می‌سازد.

این منطقه با پیشینه‌ای چند هزارساله، از ریشه‌های اقوام کهن و آریایی مانند انسان‌های عصر آهن، اورارتوها، مادها و آتروپات‌ها، و بعد دوره‌های هخامنشی، اشکانی و ساسانی، مسیر طولانی‌ای از تحولات تاریخی رو پشت سر گذاشته است. از گویش‌ها و زبان‌های کهن گرفته تا زبان رسمی امروز و ترکی آذری، و از زندگی مدرن شهری و صنعتی تا کوچ‌نشینی ایل‌ها در ییلاق و قشلاق و سکونت‌های روستایی همراه با تولیدات دامی، کشاورزی و صنایع‌دستی، همه نشان می‌دهد که این منطقه چه تنوع فرهنگی گسترده و چه جایگاه بالایی دارد.

فرش تبریز که در بیشتر شهرستان‌های آذربایجان خاوری تولید می‌شود، نه‌تنها در ایران به‌عنوان یکی از صنایع‌دستی ملی کم‌نظیر است، بلکه در سطح جهان نیز نامی شناخته‌شده دارد.

مواد خوراکی و غذاهای سنتی آذربایجان مانند کوفته تبریزی و کباب بناب و ... در سطح ملی زبان‌زد هستند. چنانچه اقدامات هوشمندانه‌ای صورت گیرد، با توجه به کیفیت و طعم آن‌ها، می‌توانند در برندهای جهانی مطرح شوند.

موزه‌های ملی تبریز و مردم‌شناسی، رصدخانه مراغه و بناهایی چون مسجد کبود، همگی حکایت از تاریخ و فرهنگ غنی این استان دارند. چهره‌ها و شخصیت‌های ملی و فرهنگی از بابک خرّم‌دین گرفته تا چهره‌های شاخص مشروطه مانند ستارخان و باقرخان، شاعرانی چون صاحب تبریزی، شهریار بزرگ و پروین اعتصامی، همگی از پرورش در یک فرهنگ بزرگ حکایت دارند.

۳-۲ اقوام آذربایجان خاوری

در این سرزمین، چنانچه در بحث تاریخ گفته شد، مردم آذربایجان ریشه در اقوام کهن ایران دارند. نیاکان ساکن در شمال باختر ایران، عمدتاً شامل اورارتورها، ماناها و گوتی بودند که در این سرزمین می‌زیستند.

البته به دلیل موقعیت جغرافیایی خاص آذربایجان که بر سر راه‌های آناتولی، اروپا و تا حدودی میانرودان قرار داشت، پس از اسلام ضمن حفظ یکپارچگی جمعیت قدیم، یعنی اقوام کهن ایرانی-آریایی، به دنبال به قدرت رسیدن حکومت‌هایی چون سلجوقیان و ایلخانیان، شمار محدودی از مردم که با این حکومت‌ها به آذربایجان افزوده شدند، نیز به جمعیت منطقه اضافه شد. اگرچه نسبت آنها در مقابل اقوام بومی و کهن اندک بود، اما مهمانان خلق‌وخوی میزبان را گرفتند و با جمعیت بومی یکی شدند، بطوریکه حتی از نشانه‌های ظاهری و چهره مشکل است بتوان مهاجران را از مردم بومی بازشناخت. این درهم‌آمیختگی در بیشتر نقاط ایران نیز صادق است.

مردمان آذری ناحیه شمال ارس، یعنی کشور آذربایجان با مرکزیت باکو نیز از نظر نژادی، زبان و فرهنگ با مردم آذربایجان ایران مشترک هستند و دارای یک نژاد می‌باشند؛ هرچند درگذشته نه‌چندان دور، آذربایجان شمال ارس (کشور آذربایجان امروزی)، «اران» نام داشت.

مردمان آذربایجان خوش‌چهره، با بهره هوشی بالا و عموماً سفیدپوست با چشمان سیاه و گاه چشمان روشن (خصوصاً در ناحیه مراغه) هستند.

همچنین ایل‌های ترک‌زبان آذری، مهاجرت‌هایی به برخی نقاط ایران داشته و یا به این نواحی کوچانده شده‌اند. برای نمونه، نادرشاه که از کلات خراسان برخاست، خود از مردمان ایل‌هایی بود که برای محافظت از نفوذ ترکمن‌ها از آذربایجان به خاور ایران کوچانده شده بودند. جایگاه ایل شاهسون عمدتاً در استان اردبیل و کمی در آذربایجان خاوری است، اما برخی شاهسون‌ها در دیگر مناطق ایران مانند استان مرکزی، همدان، زنجان و غیره نیز سکونت دارند.

۳-۳ ایل‌های آذربایجان خاوری

استان آذربایجان خاوری با توجه به پوشش گیاهی متنوع و سرسبز آن و اختلاف ارتفاع میان نواحی ارس و نواحی کوهستانی چون سهند شرایط بکری را برای زندگی عشایری فراهم نموده است، البته باید اشاره نمود که اغلب ایل‌های پرجمعیت آذری زبان در استان اردبیل ساکن هستند، اما دو ایل شاهسون و ایل‌های منطقه ارسباران در هر دو استان سکنی دارند. ایل ارسبارانی بیشتر در نواحی آذربایجان خاوری و ایل شاهسون بیشتر در استان اردبیل سکنی دارند که در کتاب استان اردبیل توصیف شده است (شکل ۳-۱).

شکل ۳-۱. نمایی از عشایر آذربایجان خاوری، ایران نیوز، (علی‌اصغر یوسفی)، (وبگاه ۱).

۳-۳-۱ ایل‌های منطقه ارسباران

منطقه ارسباران ناحیه‌ای کوهستانی در شمال استان آذربایجان خاوری است و از سه شهرستان کلیبر، اهر و ورزقان تشکیل شده است. این منطقه در گذشته قره‌داغ نامیده می‌شد. عشایر ارسبارانی این منطقه شامل شش ایل عمده چلبیانلو، قاراچورلو، حاج علیلو، حسن بیگلو، محمد خانلو و حسینکلو می‌باشد. هر چند که در حال حاضر برخی از این مردمان در مناطقی ساکن شده‌اند، ولی زندگی کوچ‌نشینی بخشی از عشایر ارسباران هنوز هم ادامه دارد.

۳-۴ زبان و گویش‌های استان

گویش‌های کنونی مردم آذربایجان ترکی است که به آن ترکی آذری یا ترکی آذربایجانی گفته می‌شود. برخی عقیده دارند که مردم آذربایجان پیشتر به زبان‌ها و لهجه‌های مختلف آریایی سخن می‌گفتند. یکی از آنها زبان تاتی بوده است که هنوز هم بقایای آن در برخی از روستاهای استان مشاهده می‌شود. هرچند زبان تاتی ریشه در فرهنگ و سنت این خطه دارد، اما بی‌تردید مهاجرت و حاکمیت اقوام ترک‌زبان (مردمان شمال فرارودان و شمال باختری کاسپین)، به‌ویژه ترکان سلجوقی، نقش اساسی در کمرنگ‌کردن زبان تاتی و شکل‌گیری زبان ترکی آذری و ترکی آذربایجانی کنونی ایفا کرده است.

علاوه بر زبان فارسی که زبان رسمی کشور است، عموم مردم آذربایجان شرقی ترک‌زبان هستند. زبان ترکی آذربایجانی‌ها، مشهور به ترکی آذری، ضمن شباهت و هم‌ریشگی با زبان مردم شمال فرارودان (شمال خاور ایران) و ترکی استانبولی، تفاوت‌هایی نیز با این زبان‌ها دارد که گاه موجب می‌شود در فهم متقابل دچار مشکل شوند.

زبان ترکی ریشه هندی-اروپایی ندارد، اما زبان بسیاری از ساکنان شمال باختری ایران است. می‌توان گفت ترکی آذری در کنار فارسی، یکی از زبان‌های رایج امروزی در شمال باختری ایران محسوب می‌شود. ریشه زبان ترکی به نواحی شمال خاوری و شمال باختری دریای کاسپین بازمی‌گردد که به‌تدریج با مهاجرت مردمان این مناطق و به‌ویژه با به قدرت رسیدن و حاکمیت آنها در ایران، وارد این سرزمین شده است.

تمامی مردمان آذربایجان همانطور که گفته شد، ریشه کهن ایرانی دارند و در گذشته‌های دور به زبان‌های ایرانی-هندی و ایرانی سخن می‌گفتند.

ترک‌زبان‌های ساکن آسیای مرکزی و شمال قفقاز از زمان اشکانیان به‌تدریج به مرزهای ایران نزدیک شدند و این روند در دوره ساسانیان شدت یافت. در زمان قباد، پدر انوشیروان، گروه‌هایی از مردمان تورانی‌نژاد و اقوام شمال قفقاز به مرزهای ایران رسیده بودند و مناطق شمال‌باختری ایران و قفقاز نیز همواره از سوی ساکنان پیرامون رود کورا مورد تهدید قرار می‌گرفت. قباد با این اقوام وارد جنگ شد و بر آنان پیروز گردید. در پی این رویدادها، شماری از طوایف خزر همراه با

برخی دیگر از اقوام خزری در زمان قباد وارد آسیای صغیر (ترکیه امروزی) و قلمرو بیزانس شدند. گروه‌هایی دیگر نیز در همان زمان توانستند در نواحی اران و گرجستان مستقر شوند (بیات، عزیزالله، ۱۳۶۷). این جابه‌جایی‌ها یکی از دلایل نژادی ـ تبارشناختی است که موجب شده مردم آناتولی با مردم آذربایجان ایران و نیز مردم جمهوری آذربایجان (با مرکزیت باکو) هم‌نژاد نباشند.

با آغاز سلطنت انوشیروان و پس از رسیدگی او به مسئله هیتالیان یا هفتالیان، قدرت هون‌ها -که در شرق ایران و جنوب‌خاوری خوارزم زندگی می‌کردند- رو به افول گذاشت. این اقوام گاه‌به‌گاه به مرزهای ایران یورش می‌بردند، اما این درگیری‌ها معمولاً با پیروزی ایرانیان پایان می‌یافت.

پس از فروپاشی ساسانیان، مردمان آسیای مرکزی و شمال قفقاز که دیگر مانعی جدی در برابر خود نمی‌دیدند، به‌سوی قفقاز جنوبی و آذربایجان مهاجرت کردند. در دوره خلافت عباسی نیز، اسیران ترک‌نژاد آسیای میانه که به فرمان خلفا در آذربایجان به حکومت گماشته می‌شدند، زمینه مهاجرت بیشتر ترک‌های شمال فرارودان به شمال‌باختری ایران را فراهم کردند. این موج مهاجرت در دوره سلجوقیان و سپس ایلخانیان و حکومت‌های ترکمن ادامه یافت. منشأ عمده این مهاجرت‌ها نواحی قفقاز، شمال‌خاوری دریای کاسپین (سرزمین‌های امروزی قزاقستان و قرقیزستان) و بخش‌هایی از ترکمنستان کنونی بود (بیات، عزیزالله، ۱۳۶۷).

زمانی که سلجوقیان بر سرزمین ایران مسلط شدند، مسیر مهاجرت اقوام ترک از شمال‌خاوری ایران دوباره گشوده شد و ترک‌های ساکن آسیای مرکزی و حوضه رودخانه سیحون به آذربایجان و بخش‌هایی از ترکیه امروزی کوچ کرده و در نواحی مختلف سکونت گزیدند. با این حال، این اقوام در میان آذری‌های اصیل در اقلیت بودند. البته امروزه نیز در میان مردمان آذربایجان، افرادی با ریشه‌های غیرآذری یافت می‌شوند، اما این گروه‌ها به مرور با یکدیگر آمیخته شده و یک قوم واحد را تشکیل داده‌اند؛ پدیده‌ای که در همه جوامع طبیعی است.

با استقرار ایلخانان در آذربایجان، شمار زیادی از طوایف ترک در نقاط مختلف این منطقه ساکن شدند. در مقابل، تعداد قابل توجهی از اهالی بومی به مناطق دیگر مهاجرت کردند. عوامل اصلی مهاجرت ساکنان بومی آذربایجان عبارت بودند از:

۱. سپاه درمی‌آمد، با نصب علامتی بر لباسش مشخص می‌شد و از واگذاری مشاغل حساس به او خودداری می‌کردند.

۲. حکمرانان مغول برای اراضی آذربایجان مالیات‌های سنگین و طاقت‌فرسایی وضع کردند که تحمل آن برای صاحبان زمین‌ها ممکن نبود.

۳. فعالیت‌های بازرگانی سودآور نیز در انحصار مغولان و کسانی بود که از این حکومت حمایت می‌کردند. در نتیجه، برخی از ایرانیان صاحب‌زمین که مظالم مغولان را تاب نمی‌آوردند، مجبور به ترک زادگاه خود شده و به نقاط دیگر مهاجرت کردند. البته این

مهاجرت‌ها معمولاً در محدوده قلمرو آذربایجان و خارج از حاکمیت مستقیم مغولان صورت می‌گرفت.

پس از ایلخانان، حکومت آل‌جلایر، تیموریان، ترکمانان قره‌قویونلو و آق‌قویونلو -که همگی ترک‌نژاد بودند- هر یک مدتی آذربایجان را در اختیار داشتند. این امر به استقرار هرچه بیشتر آنان در این منطقه انجامید. اقوامی که ریشه آذربایجانی نداشتند و در برابر جمعیت بومی در اقلیت بودند، به‌تدریج با مردم آذربایجان درآمیختند.

در نهایت، حکمرانان سلجوقی، ایلخانی، تیموری، آق‌قویونلو و قراقویونلو و حتی صفویان، همگی ترک‌زبان بودند و در پی این روند، زبان مردم نیز به‌مرور به زبان حاکمان تبدیل شد.

شهرهای اصلی و بزرگ آذربایجان ریشه در نام‌های کهن ایرانی دارند؛ از جمله تبریز، ارومیه، ماکو، مراغه و میانه، همچنین شهرهای مهم آذری‌زبان مانند زنجان و اردبیل نیز دارای نام‌های باستانی و غیرترکی هستند. امروزه زبان رایج مردم آذربایجان، ترکی آذری است که با ترکی آذریِ رایج در شمال رود ارس تفاوت چندانی ندارد؛ هرچند در گویش شمال ارس، واژگان روسی بیشتری وارد شده است. البته همان‌گونه که در بسیاری از زبان‌ها دیده می‌شود، در ترکی آذری نیز واژه‌های عربی و فارسی وارد شده‌اند. در مقابل، در زبان فارسی نیز شمار قابل توجهی واژه و ترکیب برگرفته از ترکی آذری وجود دارد. شایان ذکر است که ترکی آذری با ترکی استانبولی یکسان نیست و این دو زبان، با وجود اشتراکات قابل توجه، تفاوت‌های آوایی، دستوری و واژگانی متعددی دارند.

۳-۵ پوشش محلی مردم استان آذربایجان خاوری

امروزه در اغلب مناطق ایران، استفاده از لباس‌های محلی کاهش یافته و این پوشش‌ها بیشتر در میان ایل‌نشینان و ساکنان شهرستان‌های کوچک و روستاها به چشم می‌خورد؛ در آذربایجان نیز همین روند مشاهده می‌شود.

با این حال، مردم محلی استان آذربایجان شرقی همچنان از زیباترین و جلوه‌مندترین لباس‌های سنتی استفاده می‌کنند؛ لباس‌هایی رنگین و پرنقش‌ونگار که با دوخت‌های دستی ظریف آراسته شده و یکی از جاذبه‌های مهم فرهنگی این استان به شمار می‌رود. این پوشش‌ها بیشتر متعلق به قوم شاهسون و مردم ارسباران است.

پوشش مردان شامل کت و شلوارهای ساده، کلاه‌های شاپو مانند، کلاه‌های پشمی و کلاه‌های دستبافت موسوم به «کلاه اربابی» است.

پوشش زنان نیز پیراهن‌های بلند، دامن‌های چین‌دار، چارقد و سربند یا روسری مخصوصی بر سر می‌گذارند که به آن «چَپی» گفته می‌شود.

۳-۶ صنایع دستی استان آذربایجان خاوری

از صنایع‌دستی این استان می‌توان به قالی‌بافی، گلیم‌بافی، معرق و منبت، پارچه‌بافی، شیشه‌گری، سفالگری، فلزکاری، مینیاتور و تذهیب، نقره‌کاری، سرمه‌دوزی و نمدمالی اشاره نمود. برخی از صنایع‌دستی این استان شهرت ملی و جهانی دارند که از جمله می‌توان به فرش دست‌بافت تبریز اشاره کرد (شکل ۳-۲ تا ۳-۴).

شکل ۳-۲. نمایی از یک تخته فرش دستباف استان آذربایجان خاوری.

شکل ۳-۳. نمایی از یک تابلو فرش مربوط به استان آذربایجان خاوری.

شکل ۳-۴. نمایی از یک تخته فرش نقش برجسته از صنایع‌دستی تبریز.

فرش آذربایجان که عمدتاً با نام فرش تبریز شناخته می‌شود، با قدمتی بیش از هزار سال از شهرتی جهانی برخوردار است. تبریز از گذشته تا امروز یکی از مهم‌ترین مراکز قالیبافی ایران به شمار می‌آید. از دوران ایلخانیان تاکنون، این شهر مرکز اصلی دادوستد انواع قالی بوده و همچنان در سراسر کشور -به‌ویژه در پایتخت- بسیاری از خانواده‌ها فرش تبریز را در اولویت خرید خود قرار می‌دهند.

بافت قالی و قالیچه بیشتر در شهرهای کوچک و روستاهای آذربایجان رواج دارد، اما تمامی این تولیدات در مجموع با عنوان فرش تبریز شناخته می‌شود. متأسفانه در چند دهه اخیر، به‌ویژه به دلیل تحریم‌های غربی، از اهمیت و جایگاه جهانی فرش ایران -خصوصاً در حوزه صادرات- کاسته شده است. در کنار این پیشینه درخشان، استان آذربایجان شرقی (آذربایجان خاوری) در حوزه صنایع نوین و تولیدات صنعتی نیز جایگاه مهمی در کشور دارد و یکی از قطب‌های اقتصادی ایران محسوب می‌شود.

۳-۷ میراث فرهنگی استان آذربایجان خاوری

به‌دلیل تمدن دیرینه و نیز این‌که شهرهای آذربایجان -همچون تبریز و مراغه- در دوره‌های مختلف پایتخت شاهان، فرمانروایان یا حکومت‌های محلی بوده‌اند، میراث فرهنگی آذربایجان شرقی (آذربایجان خاوری) بسیار غنی و ارزشمند است. از جمله آثار مهم این منطقه می‌توان به کتیبه‌های مربوط به اورارتوها در نواحی ورزقان و سراب، قلعه بابک خرمدین، مسجد کبود و شاهکارهای کاشی‌کاری آن، ربع رشیدی، مسجد جامع علیشاه، بقایای مسجد حسن پادشاه، گنبد و مناره صاحب‌الامر، کلیسای ارامنه تبریز و بازار تاریخی تبریز اشاره کرد. صدها اثر تاریخی دیگر نیز در تبریز و سایر شهرهای استان وجود دارد که در فصل چهارم به تفصیل بررسی خواهد شد.

مسجد کبود، یکی از شاخص‌ترین بناهای تاریخی و فرهنگی تبریز، به‌اختصار معرفی می‌شود. این مسجد در سال ۸۴۴ خورشیدی و در دوران فرمانروایی جهانشاه قراقویونلو -که فردی مقتدر، زیبادوست و اهل شعر بود- ساخته شد. تنوع، ظرافت و هماهنگی بی‌نظیر کاشی‌ها و خطوط به‌کاررفته در تزئینات آن سبب شده این بنا را «فیروزه اسلام» بنامند. زلزله سال ۱۱۵۸ خورشیدی بخش‌هایی از مسجد و گنبد آن را ویران کرد، اما عملیات بازسازی آن در دوران پهلوی اول آغاز شد و سرانجام در سال ۱۳۵۴ خورشیدی به پایان رسید (شکل ۳-۵ تا ۳-۷).

شکل ۳-۵. نمایی از مسجد کبود.

شکل ۳-۶. نمایی از مسجد کبود.

شکل ۳-۷. نمایی از درون مسجد کبود.

ارگ تبریز

در زمان وزارت تاج‌الدین علیشاه، وزیر سلطان محمد خدابنده و سلطان ابوسعید ایلخانی ساخته شد که یکی از آثار برجسته تبریز است. این بنا در سال ۱۳۱۰ خورشیدی به شماره ۱۷۰ در آثار ملی ایران به ثبت رسیده است. متأسفانه بخش زیادی از این بنا با گذشت زمان تخریب شده است. در زمان عباس میرزا، این ارگ ستاد فرماندهی جنگ ارتش ایران بود و کارخانه ریخته‌گری توپ نیز در محوطه این ارگ ساخته شد. همچنین در دوران مشروطیت این ارگ در دست مشروطه‌خواهان قرار داشت.

بسیاری از میراث فرهنگی دیگر در آذربایجان وجود دارد که سعی خواهد شد در فصل چهارم به آنها پرداخته شود.

۳-8 موارد خوراکی و غذاهای خاص آذربایجان خاوری

استان آذربایجان خاوری با توجه به تاریخ کهن، فرهنگ غنی و طبیعت پربار خود، یکی از استان‌هایی است که از نظر تنوع مواد خوراکی و غذاهای محلی در کشور شهرت دارد. وجود میوه‌های فراوان، محصولات دامی باکیفیت و سنت‌های دیرینه آشپزی باعث شده است که برخی از خوراکی‌های این استان قابلیت مطرح شدن در سطح جهانی را داشته باشند؛ به‌ویژه اگر برنامه‌ریزی و برندسازی اصولی برای آن‌ها صورت گیرد. از میان این خوراکی‌ها می‌توان به کوفته تبریزی، کباب بناب و شیرینی‌ها و آجیل‌های ویژه تبریز اشاره کرد؛ نمونه‌ای برجسته از آن‌ها آجیل تواضع است که قدمتی بیش از ۱۳۵ سال دارد و نخستین‌بار در اواخر دوره قاجار در تبریز آغاز به کار کرده است. این مجموعه اکنون در تهران، چند شهر دیگر و حتی خارج از کشور شعبه دارد و در صورت برندسازی حرفه‌ای می‌تواند در سطح جهانی مطرح شود.

در آذربایجان خاوری غذاهای بسیاری به‌صورت روزمره تهیه می‌شود؛ مانند کوفته تبریزی، کباب بناب، دلمه کلم‌پیچ، قورما شورباسی، کوکوی لوبیا سبز، دان اسکو، قورت‌تیله، آش گوشواره آذری، دلمه برگ مو، دیماج و چند غذای دیگر که هر یک ریشه‌ای قدیمی در فرهنگ خوراک این خطه دارند. در ادامه تلاش می‌شود چند نمونه از جمله کباب بناب و آجیل تواضع به اختصار معرفی شود.

کوفته‌تبریزی

از معروف‌ترین غذاهای آذربایجان، به‌ویژه شهر تبریز است. این غذای سنتی علاوه بر تبریز، اکنون در بسیاری از رستوران‌های شهرهای دیگر نیز طبخ می‌شود، هرچند تفاوت‌هایی در شیوه تهیه آن دیده می‌شود. کوفته‌تبریزی با ترکیب سبزی‌های تازه و معطری مانند ریحان، ترخون، مرزه و گشنیز به همراه برنج، گوشت چرخ‌کرده، لپه و ادویه درست می‌شود. پس از مخلوط کردن و کوبیدن مواد، بخشی از ترکیب جدا می‌شود و در مرکز آن موادی مانند زرشک، آلو، پیازداغ

و تخم‌مرغ آب‌پز قرار می‌دهند. سپس کوفته‌های شکل‌گرفته را در سسی که از پیازداغ، رب گوجه‌فرنگی و ادویه تهیه شده می‌گذارند تا کاملاً مغزپخت شوند (شکل ۳-۸).

شکل ۳-۸. نمایی از کوفته تبریزی، (وبگاه ۲).

خورش هویج که در تبریز به «یرکوکی خورش» نیز شناخته می‌شود، از دیگر غذاهای محبوب این منطقه است. ماده اصلی آن هویج است که به‌صورت خلالی خرد و در روغن کمی سرخ می‌شود. سپس گوشت، پیاز، آلو و رب گوجه‌فرنگی به آن اضافه می‌شود تا خورشی خوش‌رنگ و خوش‌طعم آماده شود (شکل ۳-۹).

شکل ۳-۹. نمایی از خورش هویج، (وبگاه ۳).

خاگینه تبریزی که در زبان آذری «قیقاناخ» نام دارد، یکی از لذیذترین انواع خاگینه است. این غذا از ترکیب تخم‌مرغ، آرد، ماست شیرین و مقدار کمی بکینگ‌پودر تهیه می‌شود که پس از سرخ شدن در کره، روی آن مخلوطی از گردو و گل‌سرخ می‌ریزند. در پایان، شهدی شیرین و خوش‌عطر از شکر، هل، زعفران و گلاب روی لایه‌ها ریخته می‌شود و طعم آن را کامل می‌کند (شکل ۳-۱۰).

شکل ۳-۱۰. نمایی از خاگینه تبریزی، (وبگاه ۴).

کباب بناب نیز یکی از محبوب‌ترین غذاهای ایرانی است که اصالت آن به شهر بناب در استان آذربایجان شرقی بازمی‌گردد. این کباب از گوشت تازه گوسفند -معمولاً قسمت‌هایی از بدن حیوان که کیفیت بهتری دارند- همراه با چربی دنبه و پیاز چرخ‌کرده تهیه می‌شود. نسبت گوشت به چربی و نحوه ساطوری کردن گوشت از عوامل مهمی هستند که به این کباب طعم و بافت منحصربه‌فرد می‌بخشند. کباب بناب معمولاً روی منقل ذغالی پخته می‌شود و به همین دلیل رایحه‌ای دودگرفته و دلپذیر دارد. وزن هر سیخ آن بسته به سفارش، بین ۱۰۰ تا ۲۵۰ گرم متغیر است و معمولاً با نان سنگک، گوجه‌فرنگی کبابی، سبزی خوردن، ریحان و پیاز سرو می‌شود. این کباب امروزه نه‌تنها در ایران، بلکه در برخی کشورهای دیگر نیز شناخته و محبوب شده است.

درباره تاریخچه این غذا، روایت دقیقی وجود ندارد؛ اما گفته می‌شود قدمت آن به حدود صد سال پیش بازمی‌گردد. بر اساس نقل‌ها، نخستین کسی که این نوع کباب را طبخ و عرضه می‌کرد، حاج صمد کشاورز بوده است؛ شخصی که در آن زمان در راسته بازار بناب مغازه‌ای داشته و کباب‌هایش به‌تدریج شهرت یافته است. در گذشته، کباب بناب بیشتر در مراسم‌های مهم مانند اعیاد و عروسی‌ها تهیه می‌شد، اما با گذشت زمان به یکی از محبوب‌ترین غذاها در ایران تبدیل شد و امروزه در بسیاری از رستوران‌ها و خانه‌ها مورد استفاده قرار می‌گیرد.

کوکوی لوبیاسبز تبریز هرچند در بسیاری از شهرهای ایران تهیه می‌شود، اما کوکوی تبریزی به‌گواه بسیاری از افراد از لذیذترین انواع این غذا به حساب می‌آید. مواد اصلی آن شامل لوبیاسبز، سیب‌زمینی، تخم‌مرغ، پیازداغ، ادویه، زعفران و مقدار کمی آرد است. این کوکوی خوش‌عطر و خوش‌طعم علاوه بر مزه خوب، ارزش غذایی بالایی دارد و برای افراد گیاه‌خوار نیز گزینه‌ای مناسب به شمار می‌آید (شکل ۳-۱۱).

شکل ۳-۱۱. نمایی از کوکوی لوبیاسبز، (وبگاه۵).

شیرپلو یا «سوتی‌پلو» در زبان آذری، یکی از غذاهای سنتی و محبوب تبریز است که شاید در نگاه اول کمی متفاوت به نظر برسد، اما بسیار لذیذ و پرطرفدار است. در این غذا، برنج به‌جای آب، در ترکیبی از شیر، زعفران، گلاب و کره پخته می‌شود و پس از دم‌کشیدن، با خرما، زرشک، خلال پسته و بادام تزئین می‌گردد. بسته به سلیقه، می‌توان آن را همراه مرغ، گوشت یا حتی ماهی سرو کرد (شکل ۳-۱۲).

شکل ۳-۱۲. نمایی از شیر پلو، (وبگاه ۶).

قارنی یاریخ یا «گارنی یاریخ» از غذاهای مجلسی و اصیل تبریز است که همان بادمجان شکم‌پر به‌شمار می‌آید. برای پخت آن می‌توان بادمجان را سرخ یا کبابی کرد و سپس داخل آن را با مایه‌ای از گوشت چرخ‌کرده و ادویه‌جات پر نمود. این غذا ظاهری زیبا و طعمی بسیار دلنشین دارد و معمولاً در مهمانی‌ها تهیه می‌شود (شکل ۳-۱۳).

شکل ۳-۱۳. نمایی از قارنی یاریخ، (وبگاه ۷).

دویماج نیز یکی از بهترین غذاهای سنتی و ساده تبریز برای گیاه‌خواران است. ترکیبات اصلی آن شامل نان اسکو، پنیر تبریز، کره یا روغن حیوانی، گردو و سبزیجات معطر محلی مانند پیازچه، ریحان، مرزه و ترخون است. تمامی مواد را با هم کوبیده و مخلوط می‌کنند و در نهایت به شکل یک گرد یا گلوله فشرده درمی‌آورند. این غذا طعم و رایحه‌ای کاملاً اصیل و بومی دارد و یکی از میان‌وعده‌های محبوب اهالی تبریز به‌شمار می‌آید (شکل ۳-۱۴).

شکل ۳-۱۴. نمایی از قارنی یاریخ، (وبگاه ۶).

غذاهای بومی محلی استان آذربایجان شرقی

پنیر لیقوان از جمله محصولات خاص و سنتی آذربایجان است که در ایران و کشورهای همسایه طرفداران زیادی دارد. این پنیر از شیر تازه گوسفندی تهیه می‌شود و دارای مزه‌ای کمی شور و سوراخ‌های کوچک فراوان است. برای فرآوری، پنیر به مدت سه تا شش ماه در آب نمک نگهداری می‌شود. هرچند انواع مختلف پنیر در ایران به‌صورت صنعتی و سنتی تولید می‌شود، پنیر لیقوان به دلیل طعم خاص و اصالتش به‌عنوان سوغات تبریز شناخته می‌شود.

شیرینی‌ها و سوغاتی‌های خوراکی تبریز

تبریز به‌عنوان یکی از پایتخت‌های شیرینی در ایران شناخته می‌شود. اغلب شیرینی‌های تبریزی در کشورهای همسایه نظیر ترکیه، آذربایجان و ارمنستان نیز تهیه می‌شوند و برعکس، برخی شیرینی‌هایی که در ترکیه تولید می‌شوند، در تبریز هم تولید می‌شوند. دلیل این امر، تاریخ و فرهنگ مشترک آذربایجان و کشورهای حوزه قفقاز و شرق ترکیه است. تعداد شیرینی‌هایی که در تبریز و شهرهای استان تهیه می‌شود به بیش از بیست مورد می‌رسد که در اینجا تنها به تعداد معدودی اشاره می‌شود.

آجیل فروشگاه‌های تواضع یکی از برندهای مطرح و شناخته‌شده در زمینه آجیل و خشکبار است. حاج علی تواضع، پدر جلیل تواضع، در سال ۱۲۷۰ در چهارراه شهناز تبریز مغازه‌ای برای فروش خشکبار راه‌اندازی کرد که هنوز هم فعالیت دارد. جلیل تواضع در مصاحبه‌ای با روزنامه «دنیای اقتصاد» در دی‌ماه سال ۱۳۹۷ درباره شکل‌گیری برند تواضع گفته است: «پدرم ۱۲۷ سال پیش نام تواضع را برای اولین‌بار روی مغازه‌اش گذاشت. آن زمان مانند امروز اقلام مختلف و متنوع وجود نداشت. به یاد دارم که از وقتی هفت ساله بودم کنار پدرم کار می‌کردم و او مرا تشویق به کارکردن می‌کرد. پس از مدرسه، درس را رها کردم و تمام وقتم را در مغازه پدرم می‌گذراندم. رفتار با فروشنده و خریدار را از همان زمان یاد گرفتم.»[۱]

جلیل تواضع اولین فروشگاه مستقل خود را در چهارراه آبرسان تبریز دایر کرد. پس از مدتی، دخترش به تهران آمد و چون همسرش طاقت دوری دخترشان را نداشت، او به همراه دو فرزند دیگرش به تهران آمد. بعدها خود جلیل تواضع نیز به دلیل دلتنگی و دوری خانواده به تهران آمد و اولین مغازه خود را در محدوده چهارراه پارک وی تأسیس کرد که اکنون شعبه مرکزی محسوب می‌شود. سپس شعبه‌های دیگر در تهران، کرج، شیراز، اهواز و دیگر شهرها افتتاح شد.

پس از توسعه فروشگاه‌ها در تبریز، تهران و دیگر شهرها، یک کارخانه مرتبط در کرج احداث شد تا تولیدات گسترده‌تر و با کیفیت‌تر ارائه شود. محصولات این برند بزرگ به کشورهای خارجی از جمله آمریکا، اسپانیا و آلمان صادر شد و با استقبال خوبی مواجه گردید. عربستان نیز اولین کشوری بود که از طعم و مرغوبیت آجیل تواضع استقبال کرد و محصولات این برند به آن کشور صادر شد.

یکی از ویژگی‌های مهم هر برند موفق، کیفیت بالای محصولات است و این ویژگی در آجیل و خشکبار تواضع باعث تمایز آن از رقبا شده است. امروزه توریست‌های خارجی که به ایران سفر می‌کنند، معمولاً از فروشگاه‌های تواضع بازدید و خرید می‌کنند که نشان‌دهنده شهرت و محبوبیت این برند است. آجیل تواضع اکنون شهرت جهانی دارد و یکی از معتبرترین برندهای آجیل و خشکبار ایرانی در سطح بین‌المللی محسوب می‌شود. برای تأیید این موضوع کافی است یک روز به فروشگاه تواضع در چهارراه پارک وی تهران مراجعه کنید و حضور پررنگ توریست‌های خارجی را که مشغول خرید هستند مشاهده کنید.

دریافت سه مدال کیفیت برتر محصولات از وزارت کشاورزی، از افتخارات ثبت شده خشکبار تواضع است. طیف وسیع مشتریان داخلی و خارجی، عملکرد مثبت و رو به رشد این مجموعه را نشان می‌دهد و رضایت مشتریان، بیانگر مرغوبیت محصولات و کیفیت بالای تولیدات آجیل تواضع است.

۱- برای اطلاعات بیشتر در مورد زندگی‌نامه جناب تواضع می‌توانید کتاب "Entrepreneurship as done by Jalil Tavazo" را از همین انتشارات تهیه کنید.

نوقا، این شیرینی خوشمزه، دارای شهرت جهانی است و گردشگران زیادی پس از بازدید از تبریز، اقدام به تهیه آن می‌کنند. در سال ۲۰۱۶، نسخه ۷ اندروید به افتخار این شیرینی جذاب، نوقا نام‌گذاری شد. نوقا در اصل نوعی شیرینی خاورمیانه‌ای به‌شمار می‌رود که در ایران، کشورهای عربی و همچنین جنوب اروپا سرو می‌شود. نوقا شباهت زیادی با گز دارد، زیرا ماده اولیه هر دو شیرینی سفیده تخم‌مرغ و آجیل است. نوقای اصل تبریزی همان نوقای سنتی گردویی است که در بازار شناخته می‌شود و نوقای آجیلی نیز نوع دیگری است که در قنادی‌های تبریز فروخته می‌شود (شکل ۳-۱۵).

شکل ۳-۱۵. نمایی از شیرینی نوقا تبریز، (وبگاه ۹).

قرابیه، یکی دیگر از شیرینی‌های پرطرفدار تبریز و مراغه است که ماده اصلی تهیه آن سفیده تخم‌مرغ، پسته و شکر می‌باشد.

شکل ۳-۱۶. نمایی از باسلق تبریز، (وبگاه ۹).

باسلق، که در تبریز تهیه می‌شود، در برخی شهرهای دیگر آذربایجان و کشورهای همسایه نیز تولید می‌شود و یکی از معروف‌ترین باسلق‌های ایران محسوب می‌شود. این شیرینی در تبریز با کیفیت و طعم بسیار خوبی تهیه می‌شود و معمولاً به‌عنوان سوغات شهر شناخته شده است. ماده اولیه باسلق شامل نشاسته، شکر و مغزها است و اغلب در ایام نوروز سرو می‌شود. در برخی شهرهای دیگر به جای شکر از شیره انگور نیز استفاده می‌شود (شکل ۳-۱۶).

باقلوا، که در شهرهای دیگر از جمله یزد نیز تولید می‌شود، در تبریز و کشورهای ترکیه و آذربایجان نیز تهیه می‌شود. باقلوای ترک که به‌عنوان سوغات تبریز به فروش می‌رسد، از خمیر نازک تهیه می‌شود و در شهد شکری غلتانده می‌شود.

لوز تبریزی یا بایرام یکی از سنتی‌ترین شیرینی‌های تبریز است. این شیرینی خوش‌طعم که انواع متعددی نیز در سایر شهرهای ایران دارد، در تبریز به نام شیرینی بایرام شناخته می‌شود. «بایرام» در زبان ترکی به معنای جشن و عید است و این شیرینی معمولاً در ایام عید سرو می‌شود (شکل ۳-۱۷).

شکل ۳-۱۷. نمایی از لوز تبریزی، (وبگاه ۱۰).

شیرینی کنجدی تبریزی، معروف به نان کنجدی، به‌عنوان شیرینی سوغات تبریز شناخته می‌شود. این شیرینی نه تنها خوشمزه و لذیذ است، بلکه در کل آذربایجان شرقی محبوبیت فراوانی دارد. نان کنجدی با شکر، زرده تخم‌مرغ و کنجد تهیه می‌شود و به دلیل داشتن مقدار زیادی کنجد، بسیار مقوی است.

فصل چهارم

شهرها، روستاها و جاذبه‌های دیدنی آن‌ها

شهر تبریز است و جان قربان جانان می‌کند

سرمه چشم از غبار کفش میهمان می‌کند

شـــهر تبـــریز اســـت کـــوی دلـــبران

ساربانا بار بگشا ز اشتران

شهر تبـــریز اســـت و مشکین مرز و بوم

مهـــد شمس و کعبـــه مـــلای روم

«گزیده‌ای از اشعار استاد شهریار»

۴-۱مقدمه

استان آذربایجان خاوری به دلیل قدمت تاریخی، اقلیم خاص، مورفولوژی، طبیعت زیبا و همچنین قطب اقتصادی شمال باختری ایران، جایگاه ویژه‌ای برای گردشگری، به‌ویژه در فصل بهار و تابستان دارد. در اینجا سعی می‌شود شهرستان‌های اصلی استان با برشمردن مکان‌ها و جاذبه‌های دیدنی آنها توصیف شود.

۴-۲تبریز

تبریز مرکز استان آذربایجان خاوری و یکی از کلانشهرهای ایران است که قدمتی بسیار کهن دارد و دارای بناها و آثار تاریخی فراوانی است. هرچند تبریز امکانات اقامتی، گردشگری، رفاهی و صنعتی روز را دارد و یکی از شهرهای بزرگ ایران محسوب می‌شود، اما قدمت آن از شهرهای ارومیه، اردبیل و مراغه بیشتر نیست.

جمعیت شهرستان تبریز بر اساس سرشماری سال ۱۳۹۵ خورشیدی، برابر با ۱۷۷۳۰۳۳ نفر است. شهر تبریز، در موقعیت جغرافیایی "۵۴ ´۱۷ °۴۶ طول خاوری و "۵۵ ´۰۳ °۳۸ عرض شمالی واقع شده است. شهرستان تبریز از شمال به شهرستان ورزقان، از جنوب و باختر به شهرستان اسکو، از شمال باختری به شهرستان شبستر و از خاور به شهرستان‌های هریس و بستان‌آباد محدود

می‌شود.

تاکنون درباره تاریخ بنای شهر تبریز سخن‌های متعددی مطرح شده است. به نظر نگارنده، پیش از اینکه شهر تبریز بنیان گذاشته شود، نام منطقه فعلی آن به همین نام بوده است. برخی بنای آن را به خسرو، پادشاه ارمنستان که همزمان با اردوان، پادشاه اشکانی بوده است، نسبت می‌دهند و عده‌ای دیگر آن را به ساسانیان منسوب می‌کنند. آنچه مسلم است این است که دشت تبریز، که محل احداث شهر است، پیش از تأسیس شهر، به دلیل ویژگی‌های خاص منطقه، «تبریز» نامیده می‌شده است؛ ازجمله اینکه «تب» به معنی گرم است و بسیاری از نام‌های مکان‌های ایران دارای «تب» هستند. همچنین «ریز» به معنای آب می‌باشد و علت آن فراوانی چشمه‌های آبگرم و معدنی بوده است که مردم در آن حمام می‌کردند (قربانی ۱۳۹۷ و مؤمن‌زاده ۱۴۰۲).

چشمه‌های آبگرم پیرامون دشت تبریز ناشی از فعالیت‌های آتشفشانی کوه سهند است که آثاری از آن هنوز باقی است، هرچند بسیاری از این چشمه‌ها طی حدود هزار تا دو هزار سال اخیر سرد شده‌اند. نمونه‌ای از این چشمه‌ها، چشمه قینرجه در ناحیه تکاب است که نشان می‌دهد این چشمه‌ها در گذشته گرم بوده‌اند، اما اکنون سرد هستند. زکریا بن محمد قزوینی در کتاب «آثار البلاد» درباره تبریز می‌نویسد که وجود گرمابه‌های فراوان و شگفت‌انگیز در نزدیکی تبریز، حکایت از آب‌های گرم مرتبط با کوه سهند دارد. برخی محققان نوشته‌اند که در زمان آتروپات شهری به نام «داورژ» وجود داشته که به مرور زمان به «تاورژ» یا «تاوریژ»، «تاوریز» و «توریز» و نهایتاً به «تبریز» تبدیل شده است.

واقعیت این است که در زمان حمله اعراب به آذربایجان در سال ۲۲ خورشیدی، تبریز نامی شناخته‌شده نبوده است. پیش از اسلام شهرهای دیگری همچون مراغه و اردبیل مطرح‌تر بودند. از زمان سلجوقیان، نام تبریز برجسته‌تر شد و بعدها در سلسله‌های مختلف به عنوان پایتخت پادشاهان و حاکمان ترک‌تبار مطرح گشت و در دوره صفویان، نخستین پایتخت صفویان بوده است.

امروزه تبریز از نظر جمعیت چهارمین شهر پرجمعیت ایران است و از نظر صنعتی بعد از اصفهان، مقام دوم را در کشور دارد. همچنین در برخی صنایع دارای رتبه نخست است. تبریز شهری تاریخی و در عین حال مدرن و زیباست و به دلیل موقعیت جغرافیایی، آب‌وهوا و امکانات فرهنگی و اقامتی، یکی از شهرهای منحصربه‌فرد شمال باختری کشور محسوب می‌شود. از جاذبه‌های گردشگری تبریز می‌توان به بازار تبریز، خانه مشروطه، مجموعه شاه‌گلی(ائل‌گلی)، کاخ شهرداری، مسجد کبود، موزه قاجار، مقبره‌الشعرا، موزه آذربایجان، موزه استاد شهریار، موزه عصر آهن و... اشاره کرد.

بازار تبریز بزرگترین بازار سرپوشیده جهان است. این بازار در سال ۱۳۵۴ خورشیدی با شماره ۱۰۹۷ در فهرست آثار ملی ایران ثبت شده و در سال ۱۳۸۹ به شماره ۱۳۴۶ به ثبت جهانی رسیده است.

مساحت این بازار حدود یک کیلومتر مربع است. قدمت دقیق بازار مشخص نیست، اما در برخی نوشته‌ها از رونق آن در دوران راه ابریشم سخن گفته شده است. هرچند در سال‌های بعد مرمت شده است، بنای آن و محل قرارگیری آن قدمتی دیرینه‌تر از قرن چهاردهم میلادی دارد. بازار تبریز شامل ورودی‌ها، بازارچه‌ها، تیمچه‌ها و کاروانسراهایی است که برخی اکنون به مغازه‌هایی متعدد تبدیل شده‌اند (شکل ۴-۱).

شکل ۴-۱. نمایی از بازار تبریز.

شکل ۴-۱. نمایی از بازار تبریز.

خانه مشروطه تبریز: محل گردهمایی بزرگان مشروطه‌خواه پس از بسته‌شدن مجلس شورای ملی توسط محمدعلی‌شاه بود. در این خانه که متعلق به حاج مهدی کوزه‌کنانی، از تجار برجسته تبریز، بود، مشروطه‌خواهان تبریز به رایزنی و برنامه‌ریزی می‌پرداختند. در دوره یازده‌ماهه تعطیلی مجلس شورای ملی در تهران، این خانه عملاً به مرکز فرماندهی مشروطه‌خواهان تبریز تبدیل شد و پس از آن به «خانه مشروطه» معروف گردید. این بنا در محله راسته‌کوچه و بخش باختری بازار تبریز قرار دارد و سبک معماری آن به دوره قاجاریه بازمی‌گردد. ساخت آن توسط معماران توانای تبریزی، به‌ویژه حاج ولی معمار، انجام شده است. خانه دارای دو طبقه و حیاط بزرگی است و منبت‌کاری‌های زیبا روی درب‌ها و پنجره‌های بلند با شیشه‌های رنگی، جلوه ویژه‌ای به آن بخشیده است. در این مکان مجسمه‌ها، آثار تاریخی و عکس‌هایی از بزرگان مشروطه همچون ستارخان، باقرخان، مهدی کوزه‌کنانی، میرزا جهانگیرخان، علی‌اکبر دهخدا و زینب پاشا، تنها زن صف مشروطه‌خواهان آن دوران، به نمایش گذاشته شده است (شکل ۴-۲ تا ۴-۵).

این خانه پس از اشغال تبریز توسط ارتش بیگانگان در جنگ جهانی دوم به تصرف ارتش روس درآمد و در زمان استیلای فرقه دموکرات در آذربایجان، محل تصمیم‌گیری پسمانده‌های ارتش روس و فرقه جدایی‌طلب پیشه‌وری بود. حاج مهدی کوزه‌کنانی (۱۲۱۷-۱۲۹۷ خورشیدی) در انقلاب مشروطیت به حق از جانب مردم مبارز آذربایجان «ابوالمله» خطاب می‌شد. او سهم بسزایی در پیروزی انقلاب مشروطه داشت و در این مسیر از جان و مال خود دریغ نکرد؛ به همین دلیل لقب «پدر مردم» را کسب کرد. مردم تبریز مثل معروفی دارند که می‌گویند: «مشروطه را در آذربایجان، دو تفنگ و یک کلاه و سه خنجر نگاه داشت و از خطر نابودی نجات داد». منظور از دو تفنگ، ستارخان و باقرخان، منظور از کلاه حاج مهدی کوزه‌کنانی است که در مواقع حساس فریاد کشیده و کلاه را به زمین می‌کوبید و سه خنجر هم به شیخ سلیم، میرزاحسین واعظ و میرزا جواد ناطق که از پرخروشترین سخنرانان آن دوره بودند، اشاره دارد.

گفته شده است که حاج مهدی، بازرگانی روشنفکر بود که پیش از درگیری‌های مشروطیت، به دلیل دیدارهایش با عبدالرحیم طالبوف تبریزی در قفقاز و مطالعه کتاب‌های وی به بیداری رسیده بود. حاج مهدی در اولین شورای مردمی آزادی‌خواهان تبریز به نام انجمن ایالتی آذربایجان در تبریز به‌عنوان رئیس انتخاب شد و مهر انجمن به وی داده شد. منزل وی واقع در محله راسته‌کوچه تبریز توسط میراث فرهنگی خریداری و به عنوان «خانه مشروطیت» نگهداری می‌شود. این بنا در سال ۱۳۵۴ در فهرست آثار ملی ایران به ثبت رسید(شکل ۴-۲ و ۴-۳).

شکل ۴-۲. نمایی از خانه مشروطه، تبریز.

شکل ۴-۳. شکل راست: مجسمه باقرخان، شکل مرکزی: نمایی از درب خانه مشروطه، شکل چپ: مجسمه ستارخان، (خانه مشروطه، تبریز).

شکل ۴-۴. نمایی از منبت‌کاری و شیشه‌های رنگی درب‌های خانه مشروطه، تبریز.

شکل ۴-۵. شکل راست: مجسمه میرزا جهانگیرخان سور اسرافیل، شکل چپ: مجسمه حاج مهدی کوزه‌کنانی (خانه مشروطه، تبریز).

مجموعه شاه‌گلی (ایل‌گلی): یکی از مهمترین و زیباترین جاذبه‌های گردشگری شهر تبریز است. نام آن در اصل از کلمه "شاه" به معنی بزرگ و "گُل" (در زبان آذری قدیم) به معنی دریاچه یا استخر گرفته شده است؛ بنابراین معنای لغوی شاه‌گلی، «استخر شاه» می‌باشد.

این مکان در گذشته دریاچه‌ای طبیعی بود که آب آن به صورت جویبار از باغ‌های اطراف عبور می‌کرد و سبب سرسبزی آن مناطق می‌شد. ساخت اولیه بنای وسط استخر به دوران حکومت آق‌قوینلوها باز می‌گردد، اما در دوره صفویان بنای کاخ مانندی در مرکز مجموعه ساخته شد و دریاچه هم به شکل یک استخر بازسازی شد.

در سال‌های بعد، به دلیل قرار داشتن این کاخ در میان دریاچه، بارها مورد مرمت و بازسازی قرار گرفت. در سال ۱۳۰۹ شمسی، شاه‌گلی به تملک شهرداری درآمد و امروزه به صورت مجموعه‌ای شامل پارک طبیعی، دریاچه مصنوعی و رستوران در میان باغ‌های زیبا به یکی از مکان‌های پرطرفدار شهر تبریز تبدیل شده است. همچنین با تغییر نام، امروزه آن را «ائل‌گلی» یا «دریاچه ملت» نیز می‌نامند. در شکل فعلی، ائل‌گلی تنها به استخر و ساختمان مرکزی محدود نیست، بلکه به‌عنوان یک پارک جنگلی بزرگ در خدمت مردم و گردشگران است و فضای سبز و امکانات تفریحی بسیاری دارد (شکل ۴-۶ تا ۴-۸).

شکل ۴-۶. نمایی از دریاچه و کاخ شاه‌گلی، تبریز.

شکل ۴-۷. نمایی از عمارت کلاه فرنگی یا کاخ شاه‌گلی، تبریز.

شکل ۴-۸. نمایی از عمارت شاه‌گلی و پیرامون آن در تبریز.

کاخ شهرداری: تبریز یا برج ساعت تبریز به عنوان نماد برجسته و یکی از مناطق گردشگری مهم شهر تبریز شناخته می‌شود. این کاخ به دستور رضاشاه پهلوی در سالهای ۱۳۱۴ تا ۱۳۱۸ شمسی ساخته شده است. محل ساخت آن در یک گورستان متروکه به نام کوی نوبر شهر تبریز انتخاب شده بود و معماران آلمانی مسئول طراحی و ساخت آن بودند (شکل ۴-۹).

بنای کاخ شهرداری یک ساختمان سه‌طبقه است که در مرکز شهر قرار دارد و طراحی‌اش به گونه‌ای است که مانند عقابی در حال پرواز دیده می‌شود. ساختمان اصلی کاخ یک برج چهارضلعی با ارتفاع ۳۰/۵ متر است که در بالای آن و در هر چهار ضلع ساعت نصب شده است. نمای ساختمان از سنگ ساخته شده و سنگ‌تراشی‌های حاشیه پنجره‌ها زیبایی و جذابیت خاصی به آن داده‌اند. سال‌ها بعد، این بنا توسط شهرداری تبریز بازسازی شد و به نام «کاخ شهرداری تبریز» مشهور گردید. از جاذبه‌های برجسته این کاخ، موزه‌ای است که در سال ۱۳۸۶ در زیرزمین آن راه‌اندازی شد. این موزه شامل تالارهای متنوعی است که هر کدام به موضوع خاصی اختصاص دارند؛ از جمله تالار فرش، تالار سازها، تالار دوربین‌های قدیمی، تالار اسناد و تالار خودروهای قدیمی که هر کدام مجموعه‌ای دیدنی و ارزشمند از آثار تاریخی را به نمایش می‌گذارند.

شکل ۴-۹. نمایی از کاخ شهرداری، تبریز.

مسجد کبود: به دستور صالحه، دختر جهانشاه قراقویونلو، در سال ۸۴۵ خورشیدی ساخته شد و به همین دلیل به مسجد جهانشاه نیز معروف است. ساختمان این مسجد به صورت مربع شکل ساخته شده و در امتداد هر ضلع، راهرویی به طول ۱۶.۵ متر کشیده شده است. این مسجد دارای یک گنبد فیروزه‌ای بود که از روی آن به نام فیروزه شناخته شد؛ اما متأسفانه این گنبد در اثر زلزله سال ۱۱۵۸ خورشیدی تخریب شد (شکل ۴-۱۰).

مسجد کبود تبریز یکی از آثار مهم تمدن ایران پس از اسلام است. این مسجد در طول تاریخ آسیب‌های زیادی دید، اما مرمت آن از سال ۱۳۱۸ خورشیدی آغاز و با نوساناتی ادامه یافته است. بنای مسجد شکل چهارگوش و مربع دارد و ساختمان اصلی آن با ستون‌هایی ساخته شده که ۱۲ متر از هم فاصله دارند. جذابیت این مسجد در تزئینات داخلی و خطوط نوشته شده با رنگ‌های زیبا نهفته است (شکل ۴-۱۱). این مسجد علاوه بر گنبدها، شامل پایه، صحن اصلی، شبستان و تزئینات متنوع و چشمگیر است. همچنین دارای سردابی است که در آن دو مقبره، احتمالاً متعلق به جهانشاه قراقویونلو و همسرش، قرار دارد.

شکل ۴-۱۰. نمایی از مسجد کبود، تبریز.

شکل ۴ - ۱۱. نمای از محوطه داخلی مسجد کبود، تبریز.

موزه قاجار تبریز: تبریز خانه‌ی امیرنظام گروسی است. امیرنظام گروسی، که نامش برگرفته از منطقه گروس در نواحی بیجار است، یکی از رجال سیاسی و نویسندگان دوره قاجار بود. وی نخستین فردی بود که ماشین ضرب سکه و ماشین چاپ و تمبر را از اروپا به ایران وارد کرد. خانه امیرنظام در محله ششگلان، یکی از محلات قدیمی تبریز، واقع شده است. تاریخ ساخت این بنا بر اساس کلیت و سبک معماری آن به اواسط دوره قاجاریه و دوران سلطنت ناصرالدین شاه بازمی‌گردد و یکی از زیباترین بناهای آن دوره به شمار می‌رود. این بنا دارای زیربنایی به مساحت ۱۵۰۰ متر مربع و دو طبقه است. از زیبایی‌های بارز آن می‌توان به گچ‌کاری‌های زیبا و منقوش در نمای شمالی و جنوبی اشاره کرد. در سال ۱۳۷۵ این بنا توسط اداره میراث فرهنگی خریداری شد و در فهرست آثار ملی ایران به ثبت رسد. پس از مرمت، در سال ۱۳۸۵ به موزه تبدیل شد. امروزه خانه امیرنظام گروسی به‌عنوان موزه قاجار قابل بازدید است (شکل ۴-۱۲).

موزه قاجار تالارهای متعددی از جمله تالار سکه، تالار آبگینه، تالار موسیقی، تالار خاتم، تالار فلزات، تالار چینی و ... دارد، که هر یک زیبایی خاص خود را دارند. مساحت کل عمارت موزه ۳۰۰۰ متر مربع و مجموعه ساختمان آن ۱۵۰۰ متر مربع است. دیدنی‌های موزه علاوه بر ساختمان و نماهای آن، شامل اشیاء گران‌بها و دیدنی نگهداری شده در موزه می‌باشد (شکل ۴-۱۳ تا ۴-۱۵).

تصویر ۴-۱۲. تصویری از موزه قاجار، تبریز

شکل ۴-۱۳. نمایی از کاشی‌های لعاب‌دار موزه قاجار تبریز. شکل راست: کاشی لعاب‌دار؛ شکل مرکزی: کاشی لعاب‌دار با طرح داراب؛ شکل چپ: کاشی لعاب‌دار با طرح کیومرث.

شکل ۴-۱۴. نمایی از موزه قاجار تبریز. شکل راست: گلدان فلزی میناکاری شده با نقش گل؛ شکل مرکزی: گلدان چینی با نقش برجسته مار؛ شکل چپ: پنجره‌های چوبی عمارت.

۴-۱۵. نمایی از فرش قاجاری موجود در خانه مشروطیت.

موزه آذربایجان: در بازه زمانی سال‌های ۱۳۳۶ تا ۱۳۴۱ خورشیدی در مجاورت مسجد کبود در شهر تبریز ساخته شد. پیش از آن، در سال‌های ۱۳۰۶-۱۳۰۷ خورشیدی، نمایشگاهی از سکه‌های قدیمی در مکان کتابخانه قدیمی تبریز برگزار شد که استقبال گسترده از آن، باعث شد مدیران و مردم به فکر تأسیس موزه‌ای در تبریز بیفتند. نخستین موزه تبریز در دانشکده ادبیات دانشگاه تبریز تشکیل شد، اما سرانجام در سال ۱۳۳۵ با تلاش مدیرکل وقت فرهنگ آذربایجان، موزه مستقل آذربایجان تأسیس و در سال ۱۳۴۱ افتتاح گردید. این موزه یکی از معروفترین موزه‌های شمال غرب کشور است و آثاری از ایران باستان و اشیای به‌دست آمده از حفاری‌های جدید را که قدمت برخی از آنها به بیش از ۴ هزار سال پیش بازمی‌گردد، به نمایش می‌گذارد. همچنین عکس‌ها و لوازم مربوط به دوران مشروطه و لباس‌ها و آداب و رسوم مردم ایران نیز در این موزه قابل مشاهده است. پس از موزه ملی ایران، موزه آذربایجان از اهمیت ویژه‌ای در کشور برخوردار است. این موزه در تاریخ ۸ دی ۱۳۹۰ خورشیدی با شماره ثبت ۳۰۵۶۴ در فهرست آثار ملی ایران به ثبت رسید. موزه آذربایجان دارای سه سالن به مساحت کلی ۸۰۰ متر مربع است. سالن مخصوص سکه‌ها و مهرهای تاریخی ایران در طبقه اول قرار دارد، در حالی که اشیای دوره‌های پیش‌ازتاریخ و دوره باستان در طبقه همکف به نمایش گذاشته شده‌اند. در زیرزمین موزه نیز مجسمه‌های هنری از انسان و صدها شیء دیدنی و ارزشمند قابل مشاهده است (شکل ۴-۱۶ تا ۴-۱۹)

شکل ۴-۱۶. ابزار جنگی مفرغی مربوط به هزاره دوم قبل از میلاد، شهر خداآفرین، موزه آذربایجان.

شکل ۴-۱۷. نمایی از سنجاق‌سر و النگو مفرغی مربوط به هزار اول قبل از میلاد، تبریز، موزه آذربایجان.

شکل ۴-۱۸. نمایی از کوزه سفالی مربوط به هزار اول قبل از میلاد، تبریز، موزه آذربایجان.موزه آذربایجان.

شکل ۴-۱۹. نمایی از تنگ سفالی مربوط به مانایی‌ها، هزاره اول قبل از میلاد، هشترود، موزه آذربایجان.

موزه استاد محمد حسین شهریار: در یکی از محلات قدیمی شهر تبریز، محله مقصودیه، قرار دارد. این موزه در واقع محل زندگی استاد شهریار بوده است که پس از درگذشت وی به همراه تمامی آثار به جای مانده از ایشان، به صورت موزه‌ای تاریخی ثبت شده است (شکل ۴-۲۰). آثار موجود در این موزه شامل وسایل شخصی استاد شهریار شامل قلم‌ها و خودنویس‌ها، کتاب‌ها، دست‌خط‌ها و تندیس‌ها، انواع یادبودها، هدایای داخلی و خارجی، لباس‌ها و ... و همچنین لوازم زندگی است که از استاد شهریار به یادگار مانده‌اند. زیبایی این خانه در سادگی آن است که تصویری واقعی و بی‌آلایش از زندگی روزمره و شخصیت استاد شهریار را به نمایش می‌گذارد. این خانه در سال ۱۳۶۷ پس از درگذشت استاد، توسط شهرداری تبریز خریداری و پس از مرمت به موزه ادبی استاد شهریار تبدیل شده است. همچنین این موزه در تاریخ ۲۷ اسفند ۱۳۸۶ با شماره ثبت ۲۲۷۲۹ در فهرست آثار ملی ایران به ثبت رسیده است.

شکل ۴-۲۰. شکل راست: موزه استاد محمد حسین شهریار؛
شکل چپ: مجسمه استاد در مجموعه شاه‌گلی، تبریز.

موزه عصرآهن: در نزدیکی موزه آذربایجان و مسجد کبود، سایت موزه‌ای به نام موزه عصر آهن ۲ وجود دارد که در واقع یک محوطه باستانی (گورستان) مربوط به هزاره دوم و اول قبل از میلاد است که چندی پیش(سال ۱۳۷۶) در هنگام حفاری و خاکبرداری کشف شده است. این محوطه باستانی در عمق ۳.۶ متر پایین‌تر از سطح فعلی تبریز قرار دارد. در حال حاضر، بخش کوچکی از یک گورستان بزرگ با وسعت احتمالی سه هکتار در این مکان قابل مشاهده است. در اصل گورستان در زیر ساختمان‌ها و بناهای شهر تبریز واقع شده است. شواهدی همچون وجود ظروف

سفالی و اثرات غذا و همچنین دفن به صورت جنینی یا چمباتمه‌ای با جهت متفاوت بدن و صورت اجساد نشان دهنده این است که مردمان عصر آهن ۲ که در این قبرستان دفن شده‌اند، دارای آیین مهرپرستی (میترایی) بودند. اجساد دفن شده همیشه رو به خورشید قرار می‌گرفتند؛ به‌طوریکه اگر شخصی قبل از ظهر فوت می‌کرد، صورت او رو به خاور و اگر بعدظهر فوت می‌کرد، رو به باختر گذاشته می‌شد، چون خورشید هنگام مرگ در آن سمت بود. همچنین اگر جسد متعلق به مرد بود بر شانه راست و اگر متعلق به زن بود بر شانه چپ گذاشته می‌شد (شکل ۴-۲۱).

شکل ۴-۲۱. نمایی از جسد دفن شده به سمت خاور.

مقبره الشعراء: یکی از گورستان‌های تاریخی شهر تبریز است که در محله سرخاب واقع شده و محل دفن بسیاری از شاعران، عارفان و رجال نامی ایران و کشورهای اطراف، از اسدی طوسی، خاقانی شروانی، شکیبی تبریزی، قطران تبریزی، لسانی شیرازی، شاهپور نیشابوری، مجیرالدین بیلقانی و ... گرفته تا استاد شهریار می‌باشد. قدیمی‌ترین اشاره به نام این گورستان را در کتاب نزهه‌القلوب نوشته شده توسط حمدالله مستوفی مربوط به سال ۷۱۸ خورشیدی می‌توان دید. در سال ۱۳۵۰ خورشیدی مسابقه‌ای برای طراحی بنای یادبود مقبره‌الشعرا برگزار شد که در این میان طرح غلامرضا فرزانمهر برگزیده شد و عملیات احداث بنای یادبود آغاز گردید (شکل ۴-۲۲). هم اکنون این بنای یادبود یکی از نمادهای شهر تبریز به شمار می‌رود. مقبره الشعرا در سال ۱۳۸۷ در فهرست آثار ملی ایران به ثبت رسید.

شکل ۴-۲۲. نمایی از بنای یادبود مقبره الشعرا تبریز.

روستای کندوان: یکی از روستاهای شهرستان اسکو است که در موقعیت جغرافیایی "۵۴ ´۱۴ °۴۶ طول خاوری و "۴۱ ´۴۷ °۳۷ عرض شمالی قرار دارد. واژه «کند» در زبان ترکی امروزی به معنای روستا و همچنین شهر آمده است، اما با ریشه‌یابی، مشخص می‌شود که این واژه ریشه‌ای باستانی دارد و در ترکی و پارسی کهن به کار رفته است.

«کند» از «کندن» گرفته شده و به معنای شهر و روستا است، که نمونه‌هایی از آن در ایران باستان مانند روستای کن در شمال خاور تهران، ساقند (ساکند) در استان یزد و سمرقند (سمرکند) دیده شده است. روستای کندوان جاذبه‌های گردشگری بسیاری دارد. خانه‌هایی که در دل کوه ساخته شده و درون صخره‌های سنگی کنده شده‌اند، بافت زیبای روستا، طبیعت منطقه، مورفولوژی کوه و طبیعت پیرامون، این روستا را به مکانی زیبا و دیدنی برای گردشگران تبدیل کرده است. این روستا در دامنه باختری کوه سهند قرار دارد که خود منطقه‌ای گردشگری است و مسیر آن از شهر اسکو می‌گذرد.

شهر اسکو نیز دارای مناظر جذاب و زیبایی‌های فراوان است که در بهار، تابستان و اواخر مهرماه دیدنی می‌باشند. مشابه روستای کندوان، در کشور ترکیه کاپادوکیه یا کاپادوکیا و در ایران روستای درگز (در کوهبنان) و روستای میمند (در شهربابک) نیز دیده شده است (شکل ۴-۲۳). معماری این روستا در سال ۱۳۷۶ در فهرست آثار ملی ایران به ثبت رسیده است. همچنین در سال ۲۰۲۳ در فهرستی که توسط سازمان جهانی گردشگری (UNWTO) ارائه گردید، روستای کندوان در فهرست بهترین دهکده جهانی گردشگری ثبت شد.

شکل ۴-۲۳. نمایی از روستای کندوان.

۴-۳ شهرستان مراغه

شهرستان مراغه با جمعیتی بالغ بر ۲۶۲,۶۰۴ نفر (بر اساس آمار سال ۱۳۹۵ خورشیدی) در جنوب استان آذربایجان خاوری واقع شده است. شهر مراغه، مرکز شهرستان، در موقعیت جغرافیایی "۱۶ ´۱۴ °۴۶ طول خاوری و "۱۸ ´۲۳ °۳۷ عرض شمالی، در کنار رودخانه صوفی‌چای و دامنه جنوبی کوه آتشفشانی غیرفعال سهند قرار دارد. فاصله این شهر تا مرکز استان تبریز حدود ۱۴۰ کیلومتر است. شهرستان مراغه از سمت خاور به شهرستان هشترود، از شمال به شهرستان اسکو و از باختر به شهرستان بناب محدود می‌شود.

مراغه تاریخی کهن دارد و قدمت آن به ایران باستان بازمی‌گردد. در برخی دوره‌ها پایتخت بوده و یکی از شهرهای آتروپاتکان به شمار می‌رفته است. بنابر روایات، این شهر یکی از محل‌های زندگی اقوام مانا بوده است. نام باستانی آن «افرازهرود» (معجم‌البلدان، یاقوت، ج ۵، ص ۹۳) است. پس از فتح آذربایجان توسط اعراب، مراغه به عنوان اردوگاه فرمانروایان اسلام در آذربایجان و ارمنستان مورد استفاده قرار می‌گرفت.

وجه تسمیه مراغه از کلمه «قرنیه‌المراغه» گرفته شده که در اصل به معنای محل چراگاه‌ها بوده و سپس به مراغه خلاصه شده است. هلاکوخان مغول پایتخت خود را در این شهر قرار داد و خواجه نصیرالدین طوسی نخستین رصدخانه را در آن بنا کرد.

این شهرستان از نظر طبیعت، جدا از بخش‌های متراکم مسکونی، دارای باغ‌های فراوانی در اطراف است که از این لحاظ به شهرهای سرسبز اروپایی شباهت دارد و به «باغ‌شهر ایران» شهرت یافته است(شکل ۴-۲۴).

شکل ۴-۲۴. نمایی از باغ‌های اطراف شهر.

مراغه از اردیبهشت‌ماه تا پایان مهرماه شهری سرسبز با آب‌وهوای معتدل است که با داشتن این ویژگی‌ها و انواع میوه‌ها و لبنیات تازه می‌تواند گردشگاه بینظیری برای گردشگران باشد. از جاذبه‌های گردشگری این شهرستان میتوان به رصدخانه مراغه، گنبد غفاریه، مسجد طاق دروازه، برج مدور، گنبد کبود و موزه مراغه اشاره کرد. علاوه بر این‌ها، دارای مکان‌های تاریخی متعدد و ده‌ها اثر ملی ثبت‌شده است. به همین دلیل مراغه یکی از ده شهر دارای بناهای تاریخی برجسته در ایران به شمار می‌آید که برخی از آنها را شرح خواهیم داد.

رصدخانه مراغه: در شمال باختری شهر مراغه و بر روی تپه‌ای واقع شده است. این بنای تاریخی در سال ۶۵۷ خورشیدی به فرمان هلاکوخان، نوه چنگیزخان مغول و به سفارش و نظارت خواجه نصیرالدین طوسی در دوران ایلخانی ساخته شده است و به عنوان نخستین پایتخت نجوم ایران شناخته می‌شود.

هدف از ساخت این رصدخانه، پژوهش و اشاعه علم نجوم بوده و دانشمندانی همچون قطب‌الدین شیرازی در آن حضور داشته‌اند. مجموعه رصدخانه شامل ۱۷ واحد معماری است که در کنار آن، محل اقامت کارکنان و کتابخانه‌ای نیز وجود دارد. کتابخانه این رصدخانه امروزه به عنوان موزه در اختیار بازدیدکنندگان قرار دارد (شکل ۴-۲۵) و بیش از ۴۰ هزار جلد کتاب دارد که آن را به یک مرکز کاملاً علمی و فرهنگی تبدیل کرده است. از زمان ساخت، این مکان محل آموزش و پژوهش‌های علمی بوده که نجوم مهمترین آنها محسوب می‌شد. این رصدخانه در زمان آبادانی یکی از معتبرترین رصدخانه‌های جهان به شمار می‌رفت. رصدخانه مراغه در سال ۱۳۶۴ به شماره ۱۶۷۵ در فهرست آثار ملی ایران ثبت شده است.

شکل ۴-۲۵. نمایی از رصدخانه مراغه.

گنبد غفاریه: در سال‌های ۷۰۳ تا ۷۰۶ خورشیدی به دستور قراسنقر، حاکم مراغه در زمان ابوسعید بهادرخان، حاکم ایلخانی ساخته شد و در سال ۱۳۱۲ به شماره ۱۳۷ در فهرست آثار ملی ایران به ثبت رسید. بنای این گنبد الهام گرفته از معماری برج‌های دوره سلجوقیان است و با کاشی‌های فیروزه‌ای طرح‌های شمسه، گل و خط ریحان مزین شده است (شکل ۴-۲۶). این گنبد به نام عارفی به نام نظام‌الدین احمدبن‌حسین غفاری نامیده شده که در زمان حکومت آق‌قوینلوها عمارت و باغی نزدیک این بنا ساخته و برای مصارف عمومی وقف کرده بود. سازه گنبد آجری، دوپوش و مکعب شکل است و آجرها به گونه‌ای به کار رفته‌اند که زیبایی خاصی به آن بخشیده‌اند.

شکل ۴-۲۶. نمایی از گنبد غفاریه.

گنبد کبود و برج مدور از بناهای دوره ایلخانان می‌باشد. این گنبد ده ضلعی دارای دو بخش سردابه و اتاق اصلی است. تزیینات به کار رفته در ساخت این بنا نسبت به سایر بناهای دوره سلجوقی و ایلخانان مغول کم نظیر است. این گنبد در کنار برج مدور قرار گرفته است. برخی از باستان‌شناسان تاریخ ساخت آن را ۵۷۵ خورشیدی و برخی دیگر بین سال‌های ۵۶۵ تا ۶۳۶ خورشیدی می‌دانند.

برج مدور یکی دیگر از بناهای دوره سلجوقی در شهر مراغه است. در سردر برج مدور، کتیبه‌ای به خط کوفی قرار دارد که ساخت آنرا به سال ۵۴۶ خورشیدی نسبت می‌دهد (شکل ۴-۲۷). جذابیت این برج گوناگونی رنگ‌های کاشی‌ها و نقش و نگاری است که بر روی آنها به‌کار رفته است. این برج بنای مدور دارد که با گنبدی دوپوش پوشیده شده بود. در طول زمان بخش گنبد ریخته و چیزی از آن باقی نمانده است. این برج یکی از نمادهای برجسته معماری دوره ایلخانی در مراغه است که اهمیت تاریخی و فرهنگی فراوانی دارد.

شکل ۴-۲۷. شکل سمت راست: نمایی از برج مدور، شکل سمت چپ: نمایی از گنبد کبود.

موزه مراغه: در سال ۱۳۶۳ خورشیدی بنیان‌گذاری شد. و در سال ۱۳۷۵ به دلیل اهمیت سلسله ایلخانان در تاریخ مراغه به عنوان موزه تخصصی ایلخانان نامگذاری شد. موزه مراغه اولین موزه اختصاصی ایلخانی در ایران است. در این موزه انواع سفال، شیشه، فلز، کاشی و سکه زمان ایلخانان وجود دارد. این موزه را می‌توان به عنوان پایگاه اصلی آثار باقی مانده از دوره حکومت ایلخانی معرفی نمود.

برج مدور و گنبد کبود: یکی از آثار تاریخی شهر مراغه می‌باشد که قدمت آن به اواخر دوره صفویه می‌رسد. این مسجد مشابه با سایر مساجد تاریخی ایران دارای شبستان، ایوان، وضوخانه، چای‌خانه و حیاط می‌باشد. در ساخت این بنا از مصالحی همچون آجر با ملات گچ، سنگ و ملات ساروج استفاده شده است. این اثر در سال ۱۳۸۲ در فهرست آثار ملی ایران به ثبت رسیده است (شکل ۴-۲۸).

شکل ۴-۲۸. نمایی از مسجد طاق دروازه.

۴-۴ شهرستان هشترود (سراسکند)

شهرستان هشترود با جمعیت ۶۰,۵۷۲ نفر (بر اساس آمار سال ۱۳۹۵ خورشیدی) در جنوب استان آذربایجان خاوری واقع شده است. شهر هشترود مرکز این شهرستان، در موقعیت جغرافیایی "۰۱ ´۰۳ °۴۷ طول خاوری و "۳۲ ´۲۸ °۳۷ عرض شمالی قرار دارد. فاصله این شهر تا مرکز استان حدود ۱۱۸ کیلومتر است. این شهرستان از باختر به شهرستان مراغه، از جنوب به شهرستان چاراویماق، از شمال به شهرستان بستان‌آباد و از خاور به شهرستان میانه محدود می‌شود.

وجه تسمیه هشترود برگرفته از منطقه‌ای است که هشت رودخانه به آن وارد می‌شده است. ارتفاع شهر هشترود از سطح دریا ۱۷۰۰ متر است. موقعیت جغرافیایی و ارتفاع این شهر موجب آب‌وهوای خنک در تابستان و سرد در زمستان شده است. این شهر در نزدیکی اتوبان تهران-زنجان-مراغه و راه‌آهن تبریز قرار دارد.

هشترود شهری کوچک با توسعه شهری جدید است و پیرامون آن مناظر طبیعی زیبا و جاذبه‌های فراوانی همچون چشمه‌های آب گرم و جاده‌های گردشگری (آفرودی) و کوهستانی وجود دارد. یکی از این جاده‌ها از طریق شهرستان هشترود به قره‌آغاج و از آنجا به جاده‌ای کوهستانی منتهی می‌شود که به تکاب و شاهین‌دژ می‌رسد. این مسیر بکر و زیبا است، اما تردد در آن تنها با خودروهای مجهز و صحرایی امکانپذیر است. از آثار تاریخی هشترود می‌توان به قلعه ضحاک و بقعه شیخ بسطام بایزیدی اشاره کرد.

شکل ۴-۲۹. نمایی از قلعه ضحاک، (وبگاه ۱۱).

قلعه ضحاک که به نام یکی از اسطوره‌های شاهنامه نامگذاری شده، در نزدیکی هشترود واقع شده است. نام‌های دیگر این اثر قلعه آژدهاک و نارین قالا نیز می‌باشد. این قلعه در بلندی قرار دارد و دسترسی به آن نیازمند راهپیمایی و کوهنوردی سنگین است. قلعه ضحاک با ترکیبی از سنگ و آجر ساخته شده و درباره قدمت آن اختلاف نظر وجود دارد. برخی قدمت آن را به دوران مادها یا ماناها نسبت می‌دهند، اما سازه آجرین آن، زمان ماناها را مورد تردید قرار می‌دهد. قلعه در محیطی کوهستانی و آرام واقع شده و در فصل بهار و تابستان فضایی سرسبز و دلپذیر دارد که جذابیت گردشگری ویژه‌ای برای منطقه فراهم کرده است. این قلعه شامل نقش‌هایی از انسان، گل و گیاه است که متأسفانه بخش زیادی از آنها تخریب شده و نیاز به مرمت دارد. هرچند مرمت‌هایی آغاز شده، اما بازسازی کامل هنوز صورت نگرفته است (شکل ۴-۲۹). این اثر با شماره ۲۲۵۴۴ در سال ۱۳۸۶ در فهرست آثار ملی ایران به ثبت رسیده است.

مقبره عزیز کندی یا بقعه شیخ بسطام بایزیدی و هفت صوفی یکی از آثار تاریخی هشترود می‌باشد که در شمال غربی این شهر و در نزدیکی روستای عزیزکندی قرار گرفته است. قدمت این اثر به دوره تیموریان می‌رسد. در داخل این مقبره هفت قبر وجود دارد که بر اساس کتاب هشترود و دانشوران، قبر وسطی متعلق به شیخ بسطام بایزیدی عارف بزرگ قرن هفتم خورشیدی می‌باشد. همین امر موجب شده که به اشتباه این اثر به مقبره شیخ بایزید معروف شود (آرامگاه شیخ بایزید بسطامی در شهر بسطام قرار داد). بنای بقعه از یک ساختمان هشت ضلعی تشکیل شده که توسط گنبدی پوشیده شده است. این اثر در سال ۱۳۸۵ در فهرست آثار ملی ایران به ثبت رسیده است.

۴-۵ شهرستان میانه

شهرستان میانه با جمعیتی برابر ۱۸۲,۸۴۸ نفر (بر اساس آمار سال ۱۳۹۵ خورشیدی) یکی از قدیمی‌ترین شهرستان‌های استان آذربایجان خاوری و در پایانه جنوب خاوری استان واقع شده است. مرکز این شهرستان، شهر میانه، در موقعیت جغرافیایی "۵۴ ´۴۲ °۴۷ طول خاوری و "۱۶ ´۲۵ °۳۷ عرض شمالی قرار دارد. این شهرستان از نظر وسعت بزرگترین شهرستان استان است و فاصله‌اش تا مرکز استان ۱۶۴ کیلومتر می‌باشد. شهرستان میانه از شمال به شهرستان سراب، از باختر به شهرستان هشترود، و از جنوب و خاور به استان زنجان محدود می‌شود.

رودخانه قزل‌اوزن در نزدیکی شهر میانه عبور می‌کند. اغلب مناطق این شهرستان ارتفاعی بالاتر از ۱۷۰۰ متر از سطح دریا دارند، اما ارتفاع خود شهر میانه حدود ۱۱۰۰ متر از سطح دریا می‌باشد؛ بنابراین آب و هوای شهر نسبت به پیرامون خود کمی گرمتر است. به‌طور کلی بجزء دشت میانه، پیرامون شهرستان اغلب کوهستانی است و در کنار رودخانه قزل‌اوزن قرار دارد. شهرستان میانه در کنار قافلانکوه و دامنه جنوبی کوه مرتفع بزقوش واقع شده است. ارتفاع مناطق این

شهرستان از ۷۵۰ تا ۳۳۰۰ متر متغیر است که باعث تنوع اقلیم و پوشش گیاهی آن شده است.

خاستگاه نام میانه می‌تواند به دوران مادها بازگردد، هرچند برخی معتقدند نام این شهرستان به خاطر قرار گرفتن بین زنجان (زنگان) و تبریز است. در آذربایجان کلماتی با ریشه ماد مانند ماکو (ماد کو)، ماه‌نشان، و روستاهایی چون مادکوه و میاناج وجود دارند؛ بنابراین احتمال دارد نام میانه ریشه ماد داشته باشد و به معنای «بین دو شهر» باشد. برخی نیز آن را به دوره ساسانی و زمان اردشیر بابکان نسبت می‌دهند، که ممکن است درست باشد.

جاذبه های گردشگری شهرستان میانه

شهرستان میانه به سه دلیل تاریخی، وسعت و طبیعت، دارای جاذبه‌های گردشگری زیادی است که هر سه وجه در این شهرستان برجسته هستند. در ادامه به برخی از این جاذبه‌های تاریخی و طبیعی اشاره می‌شود:

پل دختر (قیز کور پوسی): در فاصله ده کیلومتری شهر میانه در موقعیت جغرافیایی "۰۷ ´۴۹ °۴۷ طول خاوری و "۱۹ ´۱۹ °۳۷ عرض شمالی و در دامنه خاوری قافلانکوه و بر روی رودخانه قزل‌اوزن واقع شده است. این پل پیوند دهنده راه اصلی زنجان-میانه-تبریز بوده و دارای سه دهانه با پایه‌های آجری و سنگی است که سنگ‌ها با سیمان و ساروج به هم متصل شده‌اند. در داخل پایه‌ها، اتاق‌های کوچک و ظریفی طراحی شده‌اند. این پل در جریان جنگ بین ارتش ملی و فرقه دموکرات آذربایجان توسط نیروهای فرقه دموکرات تخریب شد. این فرقه با هدف کند کردن پیشروی ارتش ایران و فراهم آوردن فرصتی برای فرار به شوروی سابق، پل را شکسته بودند (شکل ۴-۳۰). پس از پیروزی ارتش ملی، این پل دیگر کاربری سابق را نداشت و بازسازی نشد. از تاریخ ساخت پل اطلاعات درستی در دسترس نمی‌باشد. عده‌ای از باستان‌شناسان قدمت آن را به دوران ساسانی نسبت می‌دهند. برخی دیگر نیز با توجه به شیوه معماری ساخت آن را به قرن هشتم هجری نسبت می‌دهند. این اثر در سال ۱۳۱۰ در فهرست آثار ملی ایران به ثبت رسیده است.

شکل ۴-۳۰. نمایی از پل‌دختر، میانه.

قلعه دختر: در نزدیکی پل دختر، بر فراز کوهی در فاصله هفت کیلومتری شهر میانه و در ارتفاعات باختری جاده زنجان-میانه قرار دارد. قدمت آن به قرن هفتم خورشیدی بازمی‌گردد، اما شواهدی وجود دارد، که نشان می‌دهد این قلعه احتمالاً متعلق به دوران ساسانی یا حتی کهن‌تر است و در قرن هفتم خورشیدی این قلعه بازسازی و توسعه یافته است. قلعه دختر در سال ۱۳۴۸ خورشیدی در فهرست آثار ملی ایران ثبت شده است. این قلعه با ترکیب سنگ و آجر ساخته شده و بلندی آن به چهار متر می‌رسد. قلعه دارای چندین برج دیدبانی است که هشت برج آن به رودخانه قزل‌اوزن مشرف است. داخل قلعه دو منبع بزرگ آب وجود دارد که آب باران و برف را جمع‌آوری می‌کنند. همچنین چاه‌هایی برای تأمین آب در پیرامون قلعه ساخته شده‌اند. این قلعه ظاهراً کاربرد نظامی داشته و به دلیل وسعت، جایگاه و ساختارش، دارای جاذبه‌های دیدنی و گردشگری فراوانی است (شکل ۴-۳۱ و ۴-۳۲).

شکل ۴-۳۱. نمایی از قلعه دختر

شکل ۴-۳۲. نمایی از قلعه دختر، میانه.

شکل ۴-۳۲. نمایی از قلعه دختر، میانه.

کاروانسرای جمال آباد در ۳۵ کیلومتری میانه و در کنار روستای جمال‌آباد قرار دارد. قدمت و ساخت آن به دوره صفویه باز می‌گردد. البته بنابر نوشته‌های دیگر (شوالیه شارون) این بنا در زمان حکومت ایلخانیان بنا شده و در زمان شاه عباس دوم مرمت شده است. متاسفانه امروزه این کاروانسرا وضعیتی تخریب شده و متروکه دارد، در حالیکه می‌توان آن را به عنوان هتل و رستوران بین‌راهی بازسازی کرد. این اثر در سال ۱۳۸۱ در فهرست آثار ملی ایران به ثبت رسیده است.

۴-۶ شهرستان عجب شیر

این شهرستان با جمعیتی برابر ۷۰,۸۵۲ نفر (بر اساس آمار سال ۱۳۹۵ خورشیدی) در خاور و جنوب خاوری دریاچه ارومیه واقع شده است. مرکز شهرستان عجب‌شیر در موقعیت جغرافیایی "۳۸ ´۵۳ °۴۵ طول خاوری و "۳۶ ´۲۸ °۳۸ عرض شمالی قرار دارد. فاصله این شهر تا مرکز استان حدود ۱۰۱ کیلومتر است و از شمال به شهرستان آذرشهر و از جنوب به شهرستان بناب محدود می‌شود. در شمال و خاور عجب شیر مناطق کوهستانی واقع شده و در باختر با دریاچه ارومیه که متأسفانه در حال خشک شدن است همسایه است. در خاور شهر نیز

دشت‌های کشاورزی گسترده‌ای قرار دارند. ریشه و مصداق نام «عجب‌شیر» مشخص نیست، اما گمانه‌زنی‌هایی وجود دارد که این شهر شاید همان «شیز» گمشده باشد. شیز شهری است که ابودولف، سیاح غرب، آن را به تخت سلیمان امروزی نسبت داده است. البته احتمال خطا در این نسبت وجود دارد چون ابودولف عجب‌شیر را مشاهده نکرده بود و شهر باستانی گنجه را به جای شیز معرفی کرده است. احتمال می‌رود که شیز همان عجب‌شیر باشد، و ابودولف آن نام را به شهر باستانی گنجه و تخت سلیمان امروزی منسوب ساخته باشد.

به هر حال، عجب‌شیر نام شهری کهن است که آثار باستانی باقیمانده از آن، اگرچه اغلب تخریب شده‌اند، اما نشانه‌ای از تاریخ کهن و فرهنگ این منطقه‌اند.

جاذبه های گردشگری عجب شیر

عجب‌شیر امروزی کمتر دارای آثار و بناهای کهن سالم یا نیمه‌سالم است، اما اطراف این شهر روستاهای زیبا و طبیعت دیدنی فراوانی دارد. به‌عنوان مثال، روستای هرگلان با طبیعتی چشم‌نواز و آبشاری زیبا از جاذبه‌های مهم منطقه است. همچنین، قلعه چای که ناحیه‌ای نسبتاً وسیع با طبیعتی دل‌انگیز و چند قلعه کهن است، از دیگر جاذبه‌های دیدنی این منطقه به شمار می‌رود.

تفرجگاه پیرامون رودخانه عجب‌شیر در نزدیکی شهر عجب‌شیر کنار پادگان آموزشی ۰۳ وجود دارد، که از طریق جاده‌ای از کنار رودخانه عجب‌شیر به سمت شمال خاور شهر می‌رسد. این مسیر از روستای خانیان، شهر جوان قلعه، روستای ینگجه و چشمه ساری‌سو عبور می‌کند. در طول این راه باغ‌های فراوان انگور و سیب قرار دارند که منظرهای زیبا و دلنشین ایجاد کرده‌اند و می‌توان از این مسیر به‌عنوان تفرجگاهی مناسب بهره برد. اگر این جاذبه‌ها توسعه یابند، می‌توانند برای ساکنان عجب‌شیر و شهرهای مجاور مانند بناب به ناحیه‌ای گردشگری جذاب تبدیل شوند.

پل قیزیل کورپی خانیان که قدمت این پل به دوره قاجار می‌رسد. این پل در بخش قلعه چای، دهستان دیزجرود شرقی در روستایی خانیان قرار دارد و بر روی رودخانه قالاچایی ساخته شده است. این اثر در سال ۱۳۸۷ در فهرست آثار ملی ایران به ثبت رسیده است.

۴-۷ شهرستان کلیبر (بهشتی در نزدیکی ژئوپارک ارس)

ریشه نام کلیبر از هر منشا که باشد، چه باستانی و چه غیر باستانی، معنای «بلندا» و «گذرگاه تنگ» را دارد که هر دو با نام کلیبر هماهنگ است.

شهرستان کلیبر با جمعیتی بالغ بر ۴۶,۱۲۵ نفر (بر اساس آمار سال ۱۳۹۵ خورشیدی) در شمال خاوری استان آذربایجان خاوری و در شمال خاوری تبریز واقع شده است. مرکز این شهرستان،

شهر کلیبر، در موقعیت جغرافیایی "۲۵ ´۰۲ °۴۷ طول خاوری و "۵۱ ´۵۱ °۳۸ عرض شمالی قرار دارد و فاصله آن تا مرکز استان ۱۷۴ کیلومتر است. شهرستان کلیبر از شمال به شهرستان خداآفرین و رودخانه ارس، از جنوب به شهرستان اهر، از باختر به شهرستان ورزقان و از خاور به استان اردبیل محدود می‌شود. کلیبر شهری است در دل کوه‌های بلند که سکوتی درخور توجه و آب و هوایی بسیار دلپذیر در نیمه‌های بهار و تابستان دارد. پیرامون این شهر طبیعتی بسیار زیبا و چشم‌نواز دیده می‌شود (شکل ۴-۳۳).

شکل ۴-۳۳. نمایی از شهر کلیبر.

جاذبه‌های گردشگری

شهرستان کلیبر از سه نظر دارای جاذبه‌های گردشگری فوق العاده است (شکل ۴-۳۳).

۱. طبیعت بسیار سبز و سرزنده، که از اردیبهشت تا تیرماه در پیرامون شهر و تا پایان مهرماه در بخش کوهستانی قابل مشاهده است

۲. کوهستان‌هایی زیبا به همراه قلعه بابک و مسیرهای کوهستانی جذاب.

۳. جنگل‌های انبوه و مشهور ارسباران.

شکل ۴-۳۴. نمایی از طبیعت پیرامون شهر کلیبر.

قلعه بابک: بنایی تاریخی است که زمان ساخت آن مشخص نیست و اغلب به دوره ساسانیان نسبت داده می‌شود. بابک، قهرمان بزرگ ایران و یکی از نخستین ایرانیان آذربایجانی تبار بود که بر سلطه حاکمان عرب در زمان خلفای عباسی شورش کرد و جنگ‌های بسیاری با لشگریان خلفا داشت. سرانجام به دلیل کینه شدید خلفا و خیانت فردی بیگانه‌پرست به نام افشین که به دنبال منافع شخصی خود بود، قیام بابک سرکوب شد و خود بابک به دست مأموران خلیفه شهید راه وطن گردید.

این قلعه در بالای کوهی با ارتفاع ۲۳۰۰ متر از سطح دریا و در فاصله سه کیلومتری از شهر کلیبر قرار گرفته است. این قلعه دارای نام‌های دیگری از جمله قیز قلعه‌سی و قلعه جمهور نیز می‌باشد. این اثر در سال ۱۳۴۵ در فهرست آثار ملی ایران به ثبت رسید. قلعه بابک یکی از مناطق بکر، سرسبز و خوش‌آب‌وهوای کلیبر است، که در صورت فراهم شدن امکانات رفاهی در نزدیکی قلعه، می‌تواند به قطب گردشگری مهمی تبدیل شود و در عین حال، حس وطن‌خواهی و وطن‌دوستی بابک را زنده نگه دارد. قلعه که به اعتقاد برخی ساخته دست خود بابک است جدا از زیبایی بنا، بر بلندای کوه و در مکانی قرار گرفته است که طبیعت بسیار زیبایی دارد. بخش زیادی از مناظر پیرامونی از ارتفاع قلعه قابل رؤیت است و از نظر نظامی نیز در نوع خود بی‌نظیر است.

قلعه بابک علاوه بر زیبایی طبیعی، یادآور و نشانه قهرمانی‌های این آب و خاک است که در برابر ظلم دشمنان فرهنگ و تمدن ایران، مردان جان‌فشانی پیدا شدند و آوای زنده نگه داشتن وطن را سر دادند.

اشاره‌ای به شخصیت بابک خرم‌دین[1] که بنیان‌گذار نهضت خرمدینان در آذربایجان بود. واژه «خرمدین» به معنای دین شادی و نشاط است، همان‌گونه که در ادبیات فارسی واژه «خرمباشی» به معنای شاد و خوش بودن آمده است. خرمدینان پس از اسلام، در حقیقت ادامه دین مزدک بودند که اساس آن بر این بود که انسان باید شاد باشد و خوش زندگی کند و از تمام داده‌های خدادادی مانند آب‌وهوا، زمین و... بهره ببرد. در نهضت مزدک، گریستن مکروه و شادی پسندیده بود.

پس از چیرگی اعراب بر آذربایجان و به دلیل غنای زمین‌های کشاورزی و اقلیم مناسب، آنها ماندگار شدند و با تصرف زمین‌ها، طبقه‌ای زورگو و ستمکار پدید آمد. بابک خرمدین در این شرایط جنبش خود را شکل داد. او با قیام بزرگ و همسو کردن دهقانان آذری، حتی در خارج از آذربایجان مانند همدان و اصفهان، نهضتی بزرگ در پایان قرن دوم خورشیدی بنیاد گذاشت. آغاز واقعی قیام او حدود سال ۲۰۴ هجری خورشیدی بود. خلیفه عباسی در سال‌های ۱۹۸ تا ۲۰۶ خورشیدی چندین بار به آذربایجان لشکر کشید و هر بار از بابک شکست خورد. این قیام چنان ابهتی یافت که خلیفه بغداد (معتصم) از ترس لشکر بابک، پایتخت را از بغداد به سامرا منتقل کرد، که برای چهار دهه پایتخت خلفای عباسی بود (به نقل از طبسی).

سرانجام، خلیفه شخصی به نام افشین، فرزند یکی از پادشاهان کوشان تاجیکستان و بخش‌هایی از افغانستان امروزی را برای سرکوبی نهضت بابک برگزید. افشین و برادرانش پیشتر به بغداد رفته بودند تا از خلیفه برای به پادشاهی رسیدن در کوشان کمک بگیرند. افشین در آنجا مسلمان شد (شاید در ظاهر) و به عنوان یکی از فرماندهان خلیفه برای سرکوبی بابک راهی آذربایجان شد. بابک و افشین چندین جنگ با هم داشتند؛ در آغاز اغلب شکست به افشین می‌رسید، اما خلیفه مرتب نیروی کمکی برای افشین می‌فرستاد و افشین تبلیغات وسیعی علیه دهقانان حامی بابک به راه انداخت. این دو روند در نهایت باعث شد لشکریان افشین به پیروزی نزدیک شوند. وقتی بابک و افشین روبه‌رو شدند، قرار شد بابک دست از جنگ بکشد، اما افشین در حین مذاکره خیانت کرد و نیروهایش را وارد شهر کرد و شروع به گردن زدن نیروهای بابک نمود. بابک با اطلاع از وضعیت، به همراه جمعی از یاران و خانواده‌اش به منطقه‌ای در شمال ارس رفت.

نهایتاً به‌طور ناشناس نزد کشیش ارمنی رفت؛ کشیش او را شناخت اما سکوت کرد، هرچند بعدها توسط افرادی به افشین گزارش داده شد. سرانجام بابک اسیر و به بغداد برده شد، جایی

۱- برگرفته از کتاب صوتی بابک خرم‌دین، yon.ir/VyTvJ؛ و نقل از کتاب ایران، طبیعت، تاریخ و فرهنگ (۱۴۰۲)

که به‌طرز بی‌رحمانه‌ای توسط خلیفه شهید شد. بابک مردانه جنگید و مردانه شهید گردید. او فرزند خطه آذربایجان است که به همه ایرانیان تعلق دارد و همچنان افتخار ایران به شمار می‌رود (شکل ۴-۳۵ تا ۴-۳۸).

شکل ۴-۳۵. نمایی از مسیرهای دسترسی به قلعه بابک، کلیبر (تصویر از ایرانگردی).

شکل ۴-۳۶. نمایی از مسیر دسترسی به قلعه بابک، کلیبر.

شکل ۴-۳۷. نمایی نزدیک مسیر دسترسی به قلعه بابک، کلیبر.

شکل ۴-۳۸. نمایی از پیرامون قلعه بابک از فراز قلعه، کلیبر.

قلعه پشتو یکی از قلعه‌های نظامی است که بالای کوهی در نزدیکی روستای هوراند کلیبر واقع شده و احتمالاً در زمان بابک خرمدین مانند قلعه خود وی، کاربرد نظامی داشته است. این قلعه در ارتفاع حدود ۳۰۰۰ متری از سطح دریا قرار دارد و دسترسی به آن آسان نیست، اما صعود به آن که چشم‌اندازی زیبا در بین جنگل‌های ارسباران دارد، برای گردشگران علاقه‌مند به کوهنوردی می‌تواند بسیار جذاب باشد. قلعه پشتو دارای برج‌های متعددی است و احتمالاً در زمان جنگ میان این قلعه و قلعه بابک، ارتباط از طریق آتش و دود برقرار می‌شده است. این قلعه بدون شک متعلق به دوران پیش از اسلام است.

قلعه پیغام در فاصله حدود ۱۰ کیلومتری جنوب کلیبر و در نزدیکی روستای پیغام بر سر راه اهر به کلیبر واقع شده است. این قلعه دژی دفاعی متعلق به دوران پیش از اسلام و به ویژه دوره اشکانیان است. قلعه پیغام بر روی کوهی قرار گرفته که از سه سمت پرتگاه است و رود پیغام نیز از پای این کوه عبور می‌کند. این قلعه به دلیل قرار گرفتن در موقعیتی استراتژیک، بر تمامی راه‌های ورودی و خروجی شهر اشراف داشته است. قلعه پیغام با قلعه بابک کلیبر تنها ۱۸ کیلومتر فاصله دارد. در حال حاضر از ساختمان‌ها و دیوار آن آثار کمی برجای مانده است. مصالح به کار رفته در ساخت، سیستم نگهداری و آب انبار آن مشابه با قلعه بابک می‌باشد. این قلعه از جمله آثار ملی ثبت شده شهرستان کلیبر می‌باشد.

عمارت طومانیانس در روستای وینق، یکی از روستاهای زیبای کلیبر، واقع شده است. این عمارت مربوط به دوران قاجار است و بنایی مجلل دو طبقه با چهار برج دارد. طومانیانس از بزرگان ارمنی آن دوره بوده است. برخی از روستاهای ناحیه ارسباران پیش از این ارمنی‌نشین بوده‌اند و پس از کوچ این افراد، نام روستاها تغییر یافته است؛ مانند روستای مسگر که قبلاً ارمنی‌نشین بوده است.

مسجد جامع کلیبر که قدمت آن به دوران صفویه می‌رسد. مسجد دارای یک گنبد بزرگ است که در گذشته مناره‌ای به ارتفاع ۴۵ متر و قطر ۱۷ متر داشته که تا سال ۱۳۳۰ خورشیدی پابرجا بوده است.این مناره به علت بمباران روس‌ها در شهریور ۱۳۲۰ آسیب دیده و در سال ۱۳۳۰ فرو ریخت.

چشمه‌های آبگرم کلیبر از دیگر جاذبه‌های کلیبر است. بعنوان مثال چشمه آب گرم آبش احمد که در شمال کلیبر بین کلیبر و رود ارس واقع شده است، جاذبه‌ای طبیعی به شمار می‌رود. به طور کلی، طبیعت و آثار باستانی در این منطقه اهمیت بسیاری داشته و جذابیت خاصی برای گردشگران دارد.

روستای محمودآباد در جنوب باختری شهر کلیبر در موقعیت جغرافیایی "۳۵ ´۵۱ °۴۶ طول خاوری و "۳۲ ´۴۸ °۳۸ عرض شمالی قرار دارد. یکی از زیبایی‌های این روستا، مسیر جاده پیغام به محمودآباد است که در بهار و تابستان سرسبز و خنک است و آبراهه‌هایی در خود جای داده است. از این مسیر می‌توان به رودخانه ارس در ناحیه عاشقلو رسید. در اوایل فصل بهار، گاهی شبنم بر روی درختان می‌نشیند که هنگام سرد شدن هوا بر شاخه‌ها یخ می‌بندد و منظره‌ای بسیار زیبا پدید می‌آورد (شکل ۴-۳۹).

شکل ۴-۳۹. نمایی از شبنم‌های یخ‌زده در روستای محمودآباد، کلیبر.

۸-۴ شهرستان خداآفرین

شهرستان خداآفرین با جمعیتی بالغ بر ۳۲,۹۹۵ نفر (بر اساس آمار سال ۱۳۹۵ خورشیدی) در شمالی‌ترین بخش استان آذربایجان خاوری واقع شده است. مرکز این شهرستان، شهر خداآفرین، در موقعیت جغرافیایی "۴۰ ´۵۷ °۴۶ طول خاوری و "۱۳ ´۰۸ °۳۹ عرض شمالی قرار دارد. فاصله این شهر تا مرکز استان حدود ۲۵۴ کیلومتر است. این شهرستان از شمال با کشور جمهوری آذربایجان هم‌مرز بوده و از خاور به استان اردبیل و از جنوب به شهرستان کلیبر محدود می‌شود. پیشتر این شهرستان به‌عنوان دهستانی از شهرستان کلیبر محسوب می‌شد. مردمان این شهر اغلب ارامنه بوده‌اند و برخی از آنها به تهران مهاجرت کرده‌اند. پس از احداث سد خداآفرین بر روی رودخانه ارس و راه‌اندازی خط ترانزیتی، این منطقه از رونق اقتصادی خوبی برخوردار شده و جمعیت آن نیز افزایش یافته است.

جاذبه های گردشگری خدا آفرین

شهر خدا آفرین و پیرامون آن، به ویژه سواحل رودخانه ارس، دارای طبیعتی بسیار زیبا و دیدنی است. یکی از حرفه‌های اصلی مردمان این منطقه، زنبورداری است که نقش مهمی در اقتصاد محلی دارد. همچنین موقعیت جغرافیایی خداآفرین که در مرز دو کشور ایران و آذربایجان قرار گرفته، این امکان را فراهم کرده تا تبادلات کالایی میان دو کشور در این منطقه انجام گیرد.

از جاذبه‌های گردشگری شهرستان خداآفرین می‌توان به دژ آوارسین اشاره کرد که یکی از بخش‌های تاریخی و طبیعی با اهمیت منطقه است. همچنین مسیر روستای عاشقلو، با مناظر طبیعی جذاب، از دیگر مکان‌های گردشگری محبوب این شهرستان به شمار می‌رود.

دژ آوارسین: که در نزدیکی روستای آوارسین از توابع شهرستان خداآفرین واقع شده، بنایی تاریخی است که امروزه تقریباً مخروبه شده است. این دژ در فهرست آثار ملی ایران به ثبت رسیده است و مسیر دسترسی به آن دارای منظره‌ای زیبا و دل‌انگیز است که برای گردشگران جذابیت خاصی دارد.

قصر یاکانتور وینه مرکز دهستان منجوان از بخش خداآفرین است که طبیعت بسیار زیبا و دلنشینی دارد. در ورودی روستا و بر بلندای کوهی که به رود ارس، منطقه قره باغ و راه اصلی کنار رودخانه ارس تسلط دارد، خرابه‌های قلعه وینه قابل مشاهده است. قصر کانتور متعلق به یک ارمنی ثروتمند به نام طومانیانس بوده است. قدمت این بنا به دوره قاجار می‌رسد و در دو طبقه و از سنگ‌های تراشیده شده به شکل مربع ساخته شده است. ساختمان آن شباهت زیادی به کلیسای سنت استپانوس در جلفا دارد. قسمتی از ساختمان به عنوان کلیسا کاربرد داشته است. تاریخ ساخت یا تعمیر آن در سر درب ورودی سال ۱۹۰۷ میلادی را نشان می‌دهد.

پل‌های خداآفرین (حسرت کورپوسی) یکی از آثار قدیمی و تاریخی شهرستان خداآفرین (پل بزرگ و پل کوچک) است که بر روی رودخانه ارس در نزدیکی روستای خمارلو ساخته شده است. یکی از این پل‌ها کاملاً سالم و هنوز هم برای پیاده‌روی قابل استفاده است و دیگری نیمه سالم است. طول پل سالم ۱۶۰متر است که ۱۲۰ متر آن متعلق به ایران و ۴۰ متر متعلق به جمهوری آذربایجان است. زمان احداث پل‌ها را به طور دقیق نمی‌توان تایید کرد. این پل‌ها در طول تاریخ بارها تخریب و دوباره بازسازی شده‌اند. برخی از مورخان قدمت پل قدیمی‌تر (پل بزرگ) را به دوره هخامنشی و برخی به زمان سلجوقیان نسبت می‌دهند. برخی دیگر اعتقاد دارند که این پل در سراسر دوران شاهنشاهی ساسانی (۲۲۴ تا ۶۵۱ میلادی) وجود داشته است. قدمت پل جدیدتر نیز چندان مشخص نیست هرچند که بیشتر محققان قدمت آن را به دوران صفویه نسبت می‌دهند.

۴-۹ شهرستان جلفا

شهرستان جلفا با جمعیتی برابر ۶۱,۳۵۸ نفر (بر اساس آمار سال ۱۳۹۵ خورشیدی) در پایانه شمال باختری استان آذربایجان خاوری واقع شده است. شهر جلفا در موقعیت جغرافیایی "۴۹ ´۳۷ °۴۵ طول خاوری و "۲۳ ´۵۶ °۳۸ عرض شمالی قرار دارد و فاصله آن تا مرکز استان حدود ۱۳۱ کیلومتر است.

نام «جلفا» از کلمه «جُل» گرفته شده که به معنای پارچه، فرش، لباس، پتو و جاجیم است، به این معنا که جلفا منطقه‌ای بوده که در آن جُل (پارچه) می‌بافته‌اند. در گذشته، این منطقه محل بافندگی پارچه ابریشم بوده و این صنعت هنوز هم در روستای بزرگ قولان، از روستاهای سیه‌رود وجود دارد. شاه‌عباس صفوی تعدادی از اهالی جلفا را به منطقه‌ای در اصفهان کوچ داد که محل سکونت آنها، امروزه به «جلفای اصفهان» معروف است. هدف شاه‌عباس گسترش بافت ابریشم برای صادرات از جنوب ایران بود.

شهرستان جلفا در کناره جنوبی رودخانه ارس و در مرز ایران با نخجوان و ارمنستان واقع شده است. این شهرستان از جنوب با شهرستان مرند و از جنوب خاوری با شهرستان ورزقان هم‌مرز است. شهر جلفا یکی از مناطق آزاد کشور به شمار می‌رود و به دلیل موقعیت جغرافیایی خاص خود به قطب تجاری مهمی تبدیل شده است. همچنین این شهر نقش مهمی به عنوان شهر ترانزیتی ایفا می‌کند و با تأسیس مکان‌های اقامتی، در حال گسترش است.

جاذبه‌های گردشگری شهر جلفا

شهرستان جلفا به دلیل موقعیت تاریخی، جغرافیایی و طبیعت متنوع خود دارای جاذبه‌های گردشگری بسیار متنوعی است که از جمله مهم‌ترین آنها می‌توان به موارد زیر اشاره نمود:

کلیساهای شهرستان جلفا از جاذبه‌های مهم تاریخی و مذهبی این منطقه هستند. یکی

از شاخص‌ترین آنها کلیسای سنت استپانوس است که در فاصله ۱۵ کیلومتری باختری شهر جلفا و در جنوب رودخانه ارس قرار دارد. این کلیسا در منطقه‌ای کوهستانی و در کنار روستای مخروبه دره شام واقع شده است. طبیعت اطراف کلیسا بسیار زیبا و چشم‌نواز است. ساختمان کلیسا دارای دیواره‌های سنگی، هفت برج نگهبانی و سازه‌ای دژگونه است که شباهت‌هایی به قلعه‌های دوران پیش از اسلام دارد (شکل ۴-۴۰ و ۴-۴۱). درباره زمان ساخت این کلیسا نظرات متفاوتی وجود دارد و تاریخچه آن عمدتاً به ایران باستان بازمی‌گردد؛ هرچند احتمال دارد بازسازی‌های اصلی آن در دوران صفویه رخ داده باشد. گردشگران در مسیر جلفا به پلدشت علاوه بر بهره‌مندی از مناظر طبیعی، می‌توانند از این کلیسا نیز بازدید کنند[1].

شکل ۴-۴۰. تصاویری از کلیسای سنت استپانوس، جلفا.

۱- ازاین‌رو یک شهر ترانزیتی به شمار می‌رود.

شکل ۴-۴۱. نمایی از کلیسای سنت استپانوس، جلفا.

کلیسای ننه مریم در کنار رودخانه ارس و در فاصله ۵ کیلومتری کلیسای سنت استپانوس (جاده جلفا به سمت پلدشت) قرار گرفته است. این کلیسا نیاز به بازسازی دارد که امید است سازمان میراث فرهنگی استان و هموطنان مسیحی در بازسازی آن همت گمارند (شکل ۴-۴۲).

کلیسای آندره ورتی مقدس (کلیسای چوپان): این کلیسا در قرن سیزدهم میلادی در محل چراگاه منطقه شام ساخته شده است و به‌عنوان محل عبادت چوپانان ارمنی شناخته می‌شد؛ از همین‌رو به «کلیسای چوپان» مشهور گردید. برخی معتقدند که این کلیسا همراه با کلیسای دوقلوی آن، که در سمت دیگر رودخانه ارس قرار دارد، به همت دو برادر چوپان ساخته شده است که وجه تسمیه نام کلیسا نیز از همین موضوع برگرفته شده است. این کلیسا در سال ۲۰۰۸ میلادی در فهرست میراث جهانی یونسکو ثبت گردید (شکل‌های ۴-۴۲ و ۴-۴۳). وجود چندین کلیسا در کنار هم و نام ارمنی روستا نشان‌دهنده این است که این مناطق در گذشته ارمنی‌نشین بوده‌اند.

در سال ۲۰۰۸ میلادی، کلیسای آندره ورتی مقدس به همراه چندین کلیسای دیگر اطراف آن به دلیل ارزش تاریخی و فرهنگی بالا در فهرست میراث جهانی یونسکو به ثبت رسید. وجود چندین

کلیسا و نامگذاری ارمنی روستاهای اطراف، نشان‌دهنده سکونت ارامنه در این منطقه در گذشته است و اهمیت فرهنگی و مذهبی این نواحی را یادآور می‌شود. این کلیساها علاوه بر ارزش مذهبی، به عنوان نمادی از حضور تاریخی ارامنه و هنر معماری خاص دوره قرون وسطی در منطقه آذربایجان خاوری به شمار می‌آیند و یکی از جاذبه‌های مهم گردشگری تاریخی شهرستان جلفا محسوب می‌شوند.

وجود این کلیساها و قدمت آنها نشان از آن دارد که مردمان نواحی پیرامون کلیساها مسیحیانی بوده‌اند که یا از این نواحی کوچ کرده‌اند و یا در اثر مسائل اجتماعی-سیاسی تغییر کیش داده‌اند.

شکل ۴- ۴۲ . نمایی از کلیسای ننه مریم، جلفا.

شکل ۴-۴۳. نمایی از کلیسای چوپان، جلفا

شکل ۴-۴۴. نمایی از کلیسای دوقلوی چوپان.

گردشگری طبیعت

در پیرامون شهر جلفا، زیبایی‌های طبیعی فراوانی وجود دارد که از مهمترین آنها می‌توان به مناظر خیره‌کننده رودخانه ارس و تک‌کوه‌های چشم‌نواز اشاره کرد. این تک‌کوه‌ها در دو طرف رودخانه ارس و در مجاورت جاده‌های جلفا به سیه‌رود و جلفا به پلدشت قرار دارند و جلوه‌ای خاص به چشم‌انداز طبیعی این منطقه بخشیده‌اند.

علاوه بر این، منطقه دارای کوه‌ها و تپه ماهورهای رنگارنگ است که جلوه‌های مختلف زمین‌شناسی و طبیعی را به نمایش می‌گذارند. آبشارهای متعدد و روستاهای زیبا نیز از دیگر دیدنی‌های این ناحیه به شمار می‌روند که هر یک به شکلی خاص و منحصربه‌فردی دارای جذابیت‌اند. برخی از این جاذبه‌ها در محدوده ژئوپارک ارس قرار دارند که به عنوان یکی از مهمترین مناطق ژئوتوریستی ایران، پوشش جامعی از این زیبایی‌های طبیعی، زمین‌شناسی و فرهنگی را عرضه می‌کند. در توضیح ژئوپارک ارس به این دیدنی‌ها و ویژگی‌های منطقه اشاره شده است که نشان دهنده تنوع و غنای گردشگری پیرامون شهر جلفا است.

رودخانه ارس و سواحل آن یکی از زیباترین جاذبه‌های طبیعی شهرستان جلفا است که در کنار آن سد دوستی نیز قرار دارد. این مناطق در فصول مختلف سال پذیرای گردشگران بسیاری هستند و برای افرادی که به طبیعت‌گردی علاقه‌مندند بسیار جذاب می‌باشد.

زمین گردشگری شهرستان جلفا دارای جاذبه‌های زمین‌شناسی متنوعی از قبیل آبشارها (آبشار آسیاب خرابه) و همچنین ژئوپارک ارس است که در منطقه شهرستان جلفا واقع شده است. این ژئوپارک به عنوان یکی از مناطق برجسته ژئوتوریسم در ایران شناخته می‌شود و چشم‌اندازهای زمین‌شناسی منحصر به‌فردی دارد.

شهرستان جلفا با این مجموعه متنوع از جاذبه‌های تاریخی، طبیعی و زمین‌شناسی یکی از مقاصد محبوب گردشگری در شمال غرب ایران محسوب می‌شود.

۴-۱۰ شهرستان ورزقان

شهرستان ورزقان با جمعیتی معادل ۵۲,۶۵۰ نفر (بر اساس آمار سال ۱۳۹۵ خورشیدی) در شمال استان آذربایجان خاوری واقع شده است. مرکز این شهرستان، شهر ورزقان، در موقعیت جغرافیایی "۲۰ ´۳۹ °۴۶ طول خاوری و "۲۹ ´۳۰ °۳۸ عرض شمالی قرار دارد. شهرستان ورزقان از شمال به شهرستان‌های خداآفرین و جلفا، از شمال خاوری به شهرستان کلیبر، از خاور به شهرستان اهر، از جنوب به هریس و تبریز و از باختر به شهرستان مرند محدود می‌شود.

ریشه نام ورزقان احتمالاً از واژه «ورزگان» گرفته شده است. در فارسی کهن، «ورزه» به معنی گاو نر است؛ شاید نام ورزقان برگرفته از «ورزه» به معنای پرورش یا فراوانی آن باشد که بر پایه زمین‌های کشاورزی سرسبز و وسیع این منطقه استوار است.

ورزقان شهری کوچک اما دارای طبیعت بی‌نظیر و ارتفاعات بالایی از سطح دریا است. یکی از ویژگی‌های مهم این شهرستان وجود معادن بزرگ مس و طلا در پیرامون آن است که اهمیت اقتصادی ویژه‌ای به این منطقه بخشیده است. علاوه بر این، شهرستان ورزقان در ناحیه‌ای پوشیده از جنگل‌های ارسباران قرار دارد که طبیعتی بسیار زیبا و مناسب برای طبیعت‌گردی دارد. با این حال، ورزقان شهری کوچک و فاقد امکانات رفاهی گسترده برای گردشگران و مسافران است. توسعه امکانات گردشگری می‌تواند موجب جذب گردشگران بیشتر به این منطقه شود و به توسعه اقتصادی وگردشگری این شهر کمک شایانی نماید.

۴-۱۱ شهر خاروانا

شهرستان خاروانا، با مرکزیت شهر خاروانا، شهری کوچک و تازه تأسیس است که در دهه ۸۰ خورشیدی به شهرستان تبدیل شده است. این شهرستان دارای طبیعتی کوهستانی و سرسبز است و پیرامون آن روستاهای زیبایی قرار دارند که از جمله می‌توان به روستاهای اندریان، میوه‌رود و ایری اشاره نمود که هر کدام دارای چشم‌اندازهای طبیعی دلنشین و محیطی آرامش‌بخش هستند.

خاروانا حدود ۴۸ روستا دارد که اکثراً سرسبز و خوش‌آب‌وهوا هستند و بخش مهمی از جنگل‌های ارسباران نیز در محدوده این شهرستان قرار گرفته است، که بر غنای طبیعی و زیبایی آن افزوده است. وجود سرشاخه‌های جنوبی رود ارس، به طبیعت شهرستان جلوه‌ی خاصی بخشیده است.

برای دسترسی به شهرستان خاروانا دو مسیر اصلی وجود دارد:

- مسیر اول از ورزقان و سپس گذر از چندین روستا تا رسیدن به خاروانا.
- مسیر دوم از طریق جلفا-نقدوز-خاروانا و یا جلفا-ایری-خاروانا، که دسترسی به شهرستان را ممکن می‌سازد.

این منطقه به دلیل برخورداری از طبیعت بکر، روستاهای متعدد و منابع معدنی، پتانسیل قابل توجهی برای توسعه گردشگری و اقتصاد محلی دارد.

روستای اندریان در فاصله ۳۰ کیلومتری جنوب باختری شهر خاروانا واقع شده است و در نزدیکی روستای میوه‌رود قرار دارد. این روستا در موقعیت جغرافیایی "۱۳ ´۱۷ °۴۶ طول خاوری و "۱۷ ´۳۳ °۳۸ عرض شمالی جای گرفته است. اندریان از طبیعت بسیار زیبایی برخوردار است (شکل ۴-۴۵ و ۴-۴۶).

شکل ۴-۴۵. نمایی از روستای اندریان.

شکل ۴-۴۶. نمایی از روستای اندریان.

۴-۱۲ شهرستان ملکان

شهرستان ملکان در دشتی نسبتاً وسیع و تاریخی واقع شده که در جنوب خاوری دریاچه ارومیه و در مسیر تبریز به میاندوآب قرار دارد. این شهرستان با جمعیتی حدود ۲۷,۳۴۱ نفر (بر اساس آمار سال ۱۳۹۵ خورشیدی) یکی از نواحی مهم استان آذربایجان خاوری است.

ویژگی‌های جغرافیایی ملکان به گونه‌ای است که با وجود قرارگیری در دشت، پیرامون آن کوهستان‌هایی دیده می‌شود، اما بخش عمده‌ای از شهرستان را دشت‌ها و اراضی کشاورزی گسترده تشکیل می‌دهد. ملکان بیشترین تولید انگور در استان آذربایجان خاوری را دارد (شکل ۴-۴۷) که یکی از مهمترین محصولات کشاورزی این منطقه محسوب می‌شود (شکل ۴-۴۸). البته در برخی از بخش‌های دشت به ویژه در نزدیکی دریاچه ارومیه، به علت شوری خاک، تراکم باغات کمتر و پوشش گیاهی ظریف‌تر است.

از نظر تقسیمات کشوری، شهرستان ملکان شامل دو بخش مرکزی و لیلان، ۵ دهستان و ۸۲ آبادی است و سه شهر ملکان، لیلان و مبارک‌شهر در دهه اخیر به تقسیمات شهری آن افزوده شده‌اند. از منظر تاریخی، دشت ملکان یک منطقه باستانی بسیار ارزشمند است که بیش از ۱۰۰ منطقه و محوطه تاریخی ثبت شده در فهرست آثار ملی ایران دارد. تپه‌های باستانی بسیاری در این دشت کشف شده‌اند که تحلیل‌ها نشان می‌دهند قدمت سکونت انسان در این منطقه تا ۵۰۰۰ سال پیش از میلاد مسیح می‌رسد. یکی از نمونه‌های مهم و آثاری که در این تپه‌ها یافت شده، سنگ آبسیدین است؛ که منشأ آن به ناحیه ارمنستان کنونی نسبت داده شده و نشانگر ارتباطات کهن این منطقه با اطراف است.

از دیدگاه گردشگری، شهرستان ملکان مجموعه‌ای وسیع از جاذبه‌ها را در خود جای داده است که ترکیبی از آثار تاریخی، طبیعت و زراعت است:

- پل دختر قلکندی (پل قزلار)، یک پل تاریخی با قدمت قابل توجه.
- منطقه گردشگری شورسو، یکی از نقاط طبیعی جذاب.
- چشمه معدنی آرپادرسی و چشمه طبیعی گاومیش‌ئولن.
- قلعه بختک لیلان و پل آجری لیلان (شکل ۴-۴۹)، از آثار تاریخی ارزشمند شهرستان.
- پارک جنگلی ملکان، با فضای سبز و امکانات تفریحی.

همچنین باغ‌های منظم و گسترده انگور و چشم‌اندازهای کشاورزی، علاوه بر ارزش اقتصادی، جذابیت بصری و گردشگری خاصی را برای این منطقه ایجاد کرده‌اند.

به طور کلی، شهرستان ملکان با تاریخ غنی، طبیعت زیبا، آثار باستانی متعدد و پتانسیل وسیع کشاورزی، منطقه‌ای مهم برای گردشگران فرهنگی، تاریخی و طبیعت‌گردان به شمار

می‌رود. در صورت توسعه زیرساخت‌های گردشگری، این شهرستان پتانسیل بالایی جهت جذب گردشگران داخلی و خارجی دارد.

شکل ۴-۴۷. نمایی از باغ‌های انگور شهرستان ملکان (همان).

شکل ۴-۴۸. نمایی از باغ‌های انگور شهرستان ملکان (همان).

شکل ۴-۴۹. نمایی از پل تاریخی لیلان (مهرداد سرهنگی).

استان آذربایجان خاوری

فصل پنجم

گردشگری طبیعی و زمین

۵-۱ مقدمه

طبیعت و ویژگی‌های زمین‌گردشگری استان آذربایجان خاوری، شامل اقلیم، توپوگرافی، پوشش گیاهی و جانوری، برون‌زدهای خاکی و سنگی، رودخانه‌ها و کوه‌ها و همچنین زمین‌شناسی خاص آن، از نظر گردشگری بسیار قابل توجه است. بلندترین قله استان، سهند، بیش از ۳۷۰۰ متر ارتفاع دارد و کمترین نقطه ارتفاعی، کناره رودخانه ارس، به حدود ۵۰۰ متر می‌رسد. این تفاوت توپوگرافی، موقعیت توزیع بارش و نقش پدیده‌های زمین‌شناسی، موجب شده است که استان دارای تنوع چشم‌گیر و جذابی از دیدنی‌های گردشگری و مناطق مطالعاتی ژئوسایت‌ها و ژئوپارک‌ها باشد.

۵-۲ جاده‌های استان آذربایجان خاوری

استان آذربایجان خاوری دارای مسیرهای متعدد بین‌شهری است که علاوه بر ارتباط درون استانی، راه‌هایی برای اتصال با استان‌های هم‌جوار و همچنین کشورهای همسایه (آذربایجان و ارمنستان) فراهم می‌کند. این مسیرها اغلب جاده‌هایی زیبا، دیدنی و جذاب هستند. از جمله این راه‌ها می‌توان به جاده مرزی کنار رودخانه ارس، جاده تبریز به ارومیه از مسیر دریاچه و جاده تبریز به ارومیه از طریق شبستر و خوی اشاره کرد.

استان آذربایجان خاوری در اصل دو نوع جاده دارد: جاده‌های کناره‌ای که غالباً در مسیر رودخانه و به‌ویژه جاده مرزی واقع شده‌اند و جاده‌های اتوبانی که بیشتر در نواحی با پوشش گیاهی کمتر قرار دارند. یکی از ویژگی‌های چشم‌نواز این جاده‌ها وجود سنگ‌هایی با رنگ‌های متنوع در مسیرهای کوهستانی است که همراه با دره‌هایی عمیق در حاشیه جاده‌ها، زیبایی و جذابیت خاصی به منظره‌های این مسیرها بخشیده‌اند. در این بخش به برخی از این جاده‌ها اشاره می‌شود:

جاده خداآفرین - پلدشت :

به‌عنوان یکی از جاده‌های مرزی مهم، از کنار رودخانه ارس عبور می‌کند و در مسیر خود از خداآفرین تا جلفا و سپس از جلفا به پلدشت، مناظر طبیعی چشم‌نوازی چون رودخانه ارس، روستاهای زیبایی نظیر قولان، کردشت، اشتبین و عاشقلو، و همچنین دره‌های ژرف و کوه‌های خوش‌منظر ایران، ارمنستان و آذربایجان قابل مشاهده هستند. این جاده در نهایت به دشت مغان متصل می‌شود. در مسیر جاده جلفا-پلدشت نیز می‌توان پدیده‌های جالبی مانند سد ارس، کلیسای چوپان، کلیسای ننه مریم، کلیسای سنت استپانوس و کوه‌های قرمزرنگی را مشاهده کرد که از جنس کنگلومرای مربوط به دوره زمین‌شناسی پلیوسن تشکیل شده‌اند (شکل ۵-۱ تا ۵-۷).

شکل ۵-۱. نمایی از مسیرخداآفرین- پلدشت.

شکل ۵-۲. نمایی از جاده جلفا-خداآفرین در منطقه تاتارسفلی در کنار رودخانه ارس.

شکل ۵-۳. نمایی از جاده جلفا-خداآفرین در منطقه کردشت (حمام باستانی کردشت).

شکل ۵-۵. نمایی از جاده جلفا-خداآفرین در نزدیکی عاشقلو در کنار رودخانه ارس.

شکل ۵-۶. نمایی از سد ارس در جاده جلفا-پلدشت.

شکل ۵-۷. نمایی از کنگلومرای پلیوسن در جاده جلفا-پلدشت در نزدیکی کلیسای چوپان.

۵-۲-۱ جاده‌های بین شهری استان

مسیر تبریز-ارومیه

به دو شیوه قابل طی کردن است: یکی از طریق عبور از مسیر دریاچه ارومیه و دیگری با گذر از جاده ساحلی دریاچه ارومیه. هر یک از این مسیرها ویژگی‌ها و زیبایی‌های خاص خود را دارند. مسیر دریاچه نمایی وسیع به پهنه آب و چشم‌اندازی از جزایر و پرندگان مهاجر ارائه می‌دهد. مسیر ساحلی، با مناظر دست نخورده، نمک‌زارها و رویش گیاهان شورپسند در حاشیه آب و همچنین غروب‌های باشکوه روی آینه دریاچه، فضایی منحصربه‌فرد و دلنشین برای مسافران می‌آفرینند.

جاده بستان‌آباد به سراب

و همچنین مسیر سراب به استان اردبیل نیز دارای جذابیت‌هایی ویژه است. قسمت بستان‌آباد تا سراب عمدتاً از دشت و تپه‌ماهور تشکیل شده است که پوشیده از مزارع سرسبز، گندم‌زارها و کشتزارهای متنوع است. با نزدیک شدن به سراب، جاده به‌تدریج حالت کوهستانی به خود می‌گیرد و تنوع پوشش گیاهی و انواع سنگ‌های زمین‌شناسی در کنار توپوگرافی خاص

منطقه، زیبایی متفاوتی به این مسیر می‌بخشد. این جاده به‌ویژه در بهار و اوایل تابستان با چشم‌اندازهای سرسبز و در تابستان با آب‌وهوای خنک، جذابیت فوق‌العاده‌ای برای مسافران و علاقه‌مندان به طبیعت فراهم می‌کند (شکل ۵-۸).

شکل ۵-۸. نمایی از جاده بستان‌آباد-سراب در نزدیکی دوزدوزان (موقعیت جغرافیایی "۲۴ ´۰۵ °۴۷ طول خاوری و "۰۵ ´۵۷ °۳۷ عرض شمالی)

جاده هریس-مشگین‌شهر

از مسیر خاور جاده اهر-تبریز، جاده‌ای منشعب می‌شود که به هریس می‌رسد؛ اخیراً نیز جاده‌ای کوهستانی از هریس احداث شده که به جاده مشگین‌شهر-اهر وصل می‌شود. این جاده کوهستانی که در چند سال اخیر آسفالت شده، از زیبایی‌های طبیعی فراوانی برخوردار است و در بهار و تابستان از مناطق سرسبز عبور می‌کند. همچنین این مسیر از مراتع سرسبز و زیبای عشایر می‌گذرد و مناظر دلنشینی برای مسافران فراهم می‌آورد (شکل ۵-۹).

شکل ۵-۹. نمایی از جاده هریس-مشگین‌شهر.

جاده اهر-مشگین‌شهر با مسافتی حدود ۶۰ کیلومتر یکی از جاده‌های پرتردد و مهم منطقه به شمار می‌رود که دو استان آذربایجان خاوری و اردبیل را به یکدیگر متصل می‌کند. این جاده بسیار زیباست و در دو طرف آن باغ‌های فراوانی وجود دارد. در برخی نقاط مسیر، جاده کوهستانی می‌شود که در نزدیکی روستای یوسف‌لو به تنگه‌ای تبدیل می‌شود که رودخانه اهرچای در آن جریان دارد. عمده باغ‌های اطراف جاده، باغ‌های سیب، گیلاس و هلو می‌باشد.

در طول این مسیر سه پدیده مهم و چشم‌نواز دیده می‌شود:

- **باغ‌ها و مزارع** متنوع در کنار جاده و همچنین رودخانه اهرچای که زیبایی مسیر را دوچندان می‌کند (شکل ۵-۱۰).
- **کوه سبلان** در نزدیکی مشگین‌شهر، از فاصله حدود ۲۵ کیلومتری، خودنمایی می‌کند و جلوه ویژه‌ای به مناظر جاده می‌بخشد (شکل ۵-۱۱ و ۵-۱۲).
- **سنگ‌های آتشفشانی دگرسان شده و پیروکلاستیک‌ها** در فاصله حدود ۱۰ کیلومتری تا ۳۰ کیلومتری شهر اهر، با شکل‌ها و رنگ‌های متنوع مشاهده می‌شوند که علاوه بر جذابیت زمین‌شناسی، برای گردشگران نیز بسیار جالب‌توجه هستند.

علاوه بر این، در سمت راست جاده، بعد از نقدوز و در مسیر به سوی مشگین‌شهر، چندین دریاچه کوچک مصنوعی قرار دارند که جلوه ویژه‌ای به زیبایی مسیر می‌بخشند. البته این قسمت از مسیر در محدوده استان اردبیل واقع شده است (شکل ۵-۱۳).

شکل ۵-۱۰. نمایی از جاده اهر-مشگین‌شهر در نزدیکی روستای یوسف‌لو.

شکل ۵-۱۱. نمایی از جاده اهر-مشگین‌شهر نزدیک روستای نقدوز.

شکل ۵-۱۲. نمایی از جاده اهر-مشگین‌شهر (موقعیت جغرافیایی "۱۳ ´۲۶ °۴۷ طول خاوری و "۵۰ ´۲۱ °۳۸ عرض شمالی).

شکل ۵-۱۳. نمایی از کوه سبلان در جاده اهر-مشگین‌شهر (موقعیت جغرافیایی "۳۵ ´۳۴ °۴۷ طول خاوری و "۲۰ ´۲۲ °۳۸ عرض شمالی).

جاده تبریز- عجب‌شیر و عجب‌شیر- مراغه: اکثراً در کنار باغ‌های انگور گسترده واقع شده‌اند و منظره‌ای دلپذیر و چشم‌نواز برای گردشگران ایجاد می‌کنند.

جاده اهر- کلیبر به ویژه در حوالی کلیبر دارای طبیعتی بسیار زیباست. در مسیر این جاده، روستاهای پیغام و محمودآباد با مناظر طبیعی چشم‌نواز قرار گرفته‌اند که مقصدی مناسب برای طبیعت‌گردان و گردشگران به شمار می‌روند (شکل ۵-۱۴).

شکل ۵-۱۴. نمایی از مسیر روستاهای پیغام به محمودآباد، در جاده اهر-کلیبر.

۶جاده ورزقان-سونگون-رودخانه ارس چندین مسیر عبور وجود دارد که زیباترین آن یک جاده خاکی است که از میان جنگل‌های ارسباران و کنار معدن سونگون می‌گذرد و به رودخانه ارس می‌رسد. مسیر ورزقان تا سونگون آسفالت است، ولی از سونگون به سمت جاده هفت‌چشمه مسیر خاکی بوده و از میان جنگل‌های ارسباران عبور می‌کند که طبیعت بکر و منحصربه‌فردی دارد. (شکل ۵-۱۶)

شکل ۵-۱۵. نمایی از جاده هشترود-قره‌آقاج و روستای آغ‌بلاغ.

شکل ۵-۱۶. نمایی از جنگل‌های دامنه شمالی ارسباران.

جاده تبریز-اهر با مسافتی حدود ۱۰۰ کیلومتر، یکی از راه‌های اصلی ارتباطی بین آذربایجان خاوری و استان اردبیل محسوب می‌شود. در مسیر این جاده چند پدیده طبیعی و گردشگری وجود دارد که عبارت‌اند از:

- باغ‌ها و مزارع کشاورزی، به‌ویژه مزارع هندوانه و خربزه خوش‌طعم که در خاک‌های شور اطراف روستای خواجه کشت می‌شوند.
- کاروانسرای شاه‌عباسی در نزدیکی سه‌راهی هریس (شکل ۵-۱۷).
- ساختار زیبای سنگ‌های رنگین (واحدهای سنگی سازند سرخ بالایی) در مسیر جاده تبریز به اهر، به‌خصوص در نزدیکی معدن نمک خواجه(شکل ۵-۱۸).

شکل۵-۱۷. نمایی از کاروانسرای شاه‌عباسی در جاده تبریز–اهر.

شکل ۵-۱۸. نمایی از سنگ‌های رنگی مربوط به سازند قرمز بالایی، جاده تبریز-اهر.

جاده ورزقان-خاروانا سه‌راهی محمدخان

از ورزقان آغاز شده و تا سیه‌رود و جلفا ادامه می‌یابد. در طول این مسیر، چندین روستا دیده می‌شود و جاده‌های روستایی متعددی از آن منشعب می‌شود. این جاده که در کنار رودخانه به سمت روستاهای اندریان و میوه‌رود می‌رود، بسیار زیبا و چشم‌نواز است. احداث هتل و تسهیلات اسکان در این مسیر، برای افزایش جذب گردشگران اهمیت فراوانی دارد.

در نزدیکی سد حاجیلار، مسیر جاده به دو شاخه تقسیم می‌شود؛ یک شاخه به سمت خاروانا می‌رود و از آنجا به روستاهای میوه‌رود و اندریان دسترسی دارد، و شاخه دیگر به نقدوز و سیه‌رود منتهی می‌شود. همچنین در مسیر ورزقان به خاروانا و اطراف جاده، روستاهایی مانند مزرعه شادی، اویلق، جوشین، علیبار و آستمال قرار دارند که در بهار و تابستان هر کدام زیبایی‌های ویژه‌ای دارند. روستاهای آوان، آوانسر و آستمال نیز دگرسانی‌های زمین‌شناسی خاصی دارند که منظره‌ای رنگین و جذاب به جاده می‌بخشند. علاوه بر این، زمین‌های کشاورزی به روش سنتی در ارتفاعات این مناطق دیده می‌شود.

ادامه مسیر نقدوز به سیه‌رود می‌رسد و نهایتاً به شهر جلفا ختم می‌شود. این مسیر علاوه بر جذابیت گردشگری، از لحاظ زمین‌شناسی نیز بسیار قابل‌توجه است (شکل ۵-۱۹). به طور کلی، مسیرهای ورزقان تا خاروانا و ورزقان-نقدوز-سیه‌رود عمدتاً جاده‌های روستایی هستند که جاده‌های فرعی بسیاری از آنها منشعب می‌شود (شکل ۵-۲۰ تا ۵-۲۲). زیبایی چشم‌گیر و اهمیت ژئولوژیکی این مسیر به اندازه‌ای است که می‌توان آن را به عنوان یک ژئوپارک معرفی کرد.

شکل ۵-۱۹. نمایی از طبیعت جاده ورزقان-خاروانا.

شکل ۵-۲۰. نمایی از روستای آستمال از توابع ورزقان.

شکل ۵-۲۱. نمایی از مزارع کشاورزی به شیوه سنتی در روستای آستمال، جاده ورزقان-خاروانا.

شکل۵-۲۲. نمایی از جاده آستمال و دگرسانی کوه‌های مجاور.

جاده خاروانا-سیه‌رود جاده خاروانا-سیه‌رود دارای کوه‌های رنگینی است که از سنگ‌های مارنی و آتشفشانی تشکیل شده‌اند. این کوه‌های سر به فلک کشیده مناظر بسیار زیبایی ایجاد کرده‌اند (شکل ۵-۲۳).

شکل ۵-۲۳. نمایی از کوه‌های رنگی در جاده خاروانا-سیه‌رود.

جاده سیه‌رود-جلفا که در مسیر این جاده ، قلعه گاوور (شکل ۵-۲۴)، کوه کیامکی (شکل ۵-۲۵) و واحدهای سنگی متعلق به دوران سوم زمین‌شناسی (الیگومیوسن) با تغییرات سنگ‌شناسی مختلف (شکل ۵-۲۶) نمایی دیدنی دارند. همچنین رودخانه ارس در کنار این جاده جریان دارد که به زیبایی مناظر آن افزوده است.

شکل ۵-۲۴. نمایی از قلعه گاوور،جاده سیه‌رود- جلفا.

شکل ۵-۲۵. نمایی از کوه کیامکی در جاده جلفا-سیه‌رود.

شکل ۵-۲۶. نمایی از واحدهای سنگی دوران سوم زمین‌شناسی در جاده جلفا-سیه‌رود.

۵-۳ منابع آبی استان آذربایجان خاوری

منابع آبی استان آذربایجان خاوری شامل ۶۲ درصد آب‌های سطحی و ۳۸ درصد آب‌های زیرزمینی است. منابع سطحی عمدتاً از رودخانه‌ها و جریان‌های آب سطحی تأمین می‌شوند که به سه حوضه اصلی تقسیم می‌گردند: حوضه دریاچه ارومیه، حوضه کاسپین از طریق رود قزل‌ازون و حوضه رود ارس که نهایتاً به دریای کاسپین می‌ریزند.

با این حال، به علت سدهای احداث‌شده، از حدود ۲/۱۴ میلیارد متر مکعب آب استان، تنها حدود ۱ میلیارد متر مکعب جریان می‌یابد و همه آن به سه حوضه‌ی یاد شده نمی‌رسد. این مقدار آب، البته باعث تشکیل رودخانه‌ها و سرشاخه‌های آنها می‌شود و سدهای فراوانی در مسیر این رودخانه‌ها وجود دارد. همچنین، حدود ۲۰۰ میلیون متر مکعب از منابع آب استان از طریق چشمه‌ها و آب‌های زیرزمینی تأمین می‌شود. جریان‌های سطحی و چشمه‌ها موجب پیدایش آبشارهای زیبایی در استان شده‌اند که تعدادی از آنها در ادامه توصیف شده‌اند.

۵-۳-۱ آبشارهای استان آذربایجان خاوری

در استان آذربایجان خاوری چندین آبشار وجود دارد که از جمله آنها می‌توان به آبشار آسیاب خرابه در جلفا، آبشار دیزج شبستر و آبشار عیش‌آباد مرند اشاره کرد.

آبشار آسیاب خرابه در مسیر جاده جلفا-سیه‌رود، در نزدیکی روستای منجی‌آباد (در فاصله ۵ کیلومتری از روستا و ۳ کیلومتری از رودخانه ارس) و در دامنه کوه کیامکی واقع شده است. در گذشته از این آبشار برای آسیاب استفاده می‌شد. آثار آسیاب بازسازی شده آن هم‌اکنون مورد بازدید گردشگران قرار دارد. منبع تأمین آب این آبشار چشمه‌ای است که در کنار آن قرار دارد. این چشمه ابتدا به صورت جریان آب سطحی بوده است، ولی پس از رسوب تراورتن در اطراف آن، قسمت‌هایی از تراورتن ضخیم‌تر شده و آب به صورت چشمه از میان تراورتن‌ها خارج می‌شود. آب این آبشار به‌صورت یک جریان گسترده و نه از یک مسیر فرو می‌ریزد و به داخل رودخانه وارد می‌شود که زیبایی خاصی به آن می‌بخشد. بازدید از این آبشار به گردشگران نواحی جلفا، منطقه ارس و مسافران آذربایجان توصیه می‌شود (شکل ۵-۲۷).

شکل ۵-۲۷. نمایی از آبشار آسیاب خرابه، جلفا.

شکل ۵-۲۷. نمایی از آبشار آسیاب خرابه، جلفا.

آبشار دیزج شبستر در فاصله ۴۶ کیلومتری شمال باختری شهر تبریز و در فاصله ۲ کیلومتری روستای سرکند دیزج قرار دارد. آبشار دیزج شبستر در یک محدوده نسبتاً وسیع از ارتفاعات کوه‌های جنوب میشو سرچشمه می‌گیرد. اصولاً دامنه کوه میشو مناطق خوش آب‌وهوایی دارد و تابستان هوا معتدل و خنک است.

آبشار عیش‌آباد مرند در نزدیکی روستای عیش‌آباد قرار دارد. بهترین فصل برای بازدید از این آبشار فصل بهار و تابستان است. این آبشار از ارتفاعات باختر میشو منشأ گرفته و آب آن از میان دیواره‌های سنگی به ارتفاع حدود ۱۵ متر ریزش می‌کند. مسیر دسترسی به این آبشار از مناظر بسیار دیدنی برخوردار است که خود یک جاذبه گردشگری محسوب می‌شود.

۵-۳-۲ رودخانه‌های استان

رودخانه ارس، که در زبان ارمنی آراکس نامیده می‌شود، ریشه این نام را برخی از زبان ماد و برخی از زبان ارمنی دانسته‌اند که ریشه ارمنی بیشتر مورد تأیید است. نکته مهم این است که این رودخانه زیبا و خروشان برای کشورهای ایران، ارمنستان و آذربایجان نقش حیاتی ایفا می‌کند.

ای صبا گر بگذری بر ساحل ارس

بوسه‌زن بر خاک آن وادی و مشکین کن نفس

«حافظ شیرازی»

طول رودخانه ارس در خاک ایران بیش از ۸۰۰ کیلومتر است. این رودخانه از کوه‌های آرارات در ترکیه و ارمنستان سرچشمه گرفته و شاخه‌هایی از ایران، آذربایجان و به‌خصوص نخجوان به آن می‌پیوندند. در ایران، سرشاخه‌هایی چون زنگمار، حاجیلارچای، قره‌سو و قطورچای جریان دارند.

ارس یکی از زیباترین و خروشان‌ترین رودخانه‌های جهان است. با اینکه بین سرچشمه و محل ریزش آن به دریای کاسپین اختلاف ارتفاع چندانی وجود ندارد، پهنای آن کم است؛ اما دارای ۸۰۵ جزیره کوچک است. بر اساس قرارداد مرزی بین ایران و شوروی سابق، ۴۲۷ جزیره به ایران تعلق دارد و بقیه به آذربایجان. این جزایر عموماً غیرمسکونی هستند و تنها برخی از آنها چراگاه دام به شمار می‌روند (شکل ۵-۲۸).

رودخانه ارس در تمام طول مسیر خود زیباست. در بخش ایران، در ناحیه پلدشت، پوشیده از چمن‌زار و پهن‌تر می‌شود. این رودخانه در مسیر جاده مرزی جنوب خاوری بازرگان تا پلدشت، سپس از پلدشت تا جلفا، از جلفا تا سیه‌رود، و از سیه‌رود تا دشت مغان جاری است و نهایتاً در بخشی از مسیر وارد خاک آذربایجان شده و به رود کورا می‌پیوندند. پس از آن، مجدداً از ناحیه آستارا در مرز ایران و آذربایجان عبور کرده و وارد دریای کاسپین می‌شود. جریان این رودخانه در کنار جاده مرزی و کوه‌های مشرف به آن در کشورهای ارمنستان، آذربایجان و ایران (از جلفا تا خداآفرین) جلوه‌گاه مناظر بسیار زیبا و دل‌انگیزی است. در بخش ایران، رودخانه ارس از کنار شهرها و روستاهای متعددی عبور می‌کند که از جمله آنها می‌توان به شهرهای پلدشت، جلفا، سیه‌رود، خداآفرین، پارس‌آباد و روستاهایی مانند قولان، کردشت، اشتبین و عاشقلو اشاره کرد که به‌عنوان مکان‌های گردشگری ویژه در مسیر رودخانه شناخته می‌شوند.

رودخانه ارس در تمام مسیر خود در ایران، در کنار جاده مرزی از بازرگان تا پارس‌آباد مغان امتداد دارد. در این مسیر، با همکاری ایران و آذربایجان چند سد مهم، از جمله سد ارس (بین جلفا و پلدشت) و سد خداآفرین ساخته شده‌اند. همچنین چندین پل ارتباطی بین ایران و کشورهای همسایه روی این رودخانه احداث شده است (شکل ۵-۲۹).

ارس را در بیابان جوش باشد
چو در دریا رسد خاموش باشد
به آب و رنگ تیغش برده تفضیل
چو نیلوفر هم از دجله هم از نیل
کس از دریای فضلش نیست محروم
ز درویش خزر تا منعم روم

«نظامی گنجوی»

شکل۵-۲۸. نمایی از رودخانه ارس در نزدیکی کردشت.

شکل ۵-۲۹. نمایی از رودخانه ارس در نزدیکی منطقه یایجی.

۵-۳-۳ سدها

در استان آذربایجان خاوری چندین سد کوچک تا متوسط وجود دارد که بزرگترین آنها سد ارس است که بر روی رودخانه ارس ساخته شده است. سد خداآفرین نیز از سدهای مهم این استان است که بر روی رودخانه ارس در مرز ایران و جمهوری آذربایجان واقع شده است.

سد خداآفرین یک سد خاکی با هسته رسی بوده، که دارای ۶۴ متر ارتفاع از پی و ۴۰۰ متر طول تاج است. حجم مخزن آن حدود ۱.۶ میلیارد متر مکعب می‌باشد. عملیات ساخت آن از سال ۱۳۷۹ آغاز و در آذر ۱۳۸۷ آبگیری آن صورت گرفت. این سد علاوه بر کنترل سیلاب، برای آبیاری حدود ۸۰ هزار هکتار از اراضی پایین‌دست و تولید برق‌آبی با ظرفیت ۲۰۰ مگاوات طراحی شده است.

سد ستارخان نیز در نزدیکی شهر اهر ساخته شده و تأمین‌کننده آب شرب این شهر است. سد حاجیلارچای نیز در منطقه ورزقان قرار دارد. علاوه بر این‌ها، سدهای کوچک دیگری نیز در استان وجود دارند که علاوه بر کاربردهای تأمین آب و کشاورزی، از ارزش گردشگری برخوردار بوده و جاذبه‌ای برای بازدید گردشگران محسوب می‌شوند.

۵-۴ جاذبه‌های زمین‌گردشگری (ژئوتوریسم) استان آذربایجان خاوری

خانه‌های روستای کندوان: در سازندی ولکانیکی-رسوبی قرار گرفته‌اند که ویژگی خاصی دارند. به این صورت که سنگ‌های این واحد، هنگام کندن، مقاومت زیادی نشان نمی‌دهند؛ اما به دلیل وجود آب آزاد در ترکیب و حفره‌های سنگ، پس از جدا شدن از صخره و قرار گرفتن در معرض هوای آزاد، دیواره‌ها سخت‌تر می‌شوند و استحکام می‌یابند. این خاصیت سبب شده است که مردم در هزاران سال پیش، با استفاده از ابزارهای ابتدایی، خانه‌های خود را در این سنگ‌ها حفر کنند. نام «کندوان» نیز برگرفته از همین ویژگی است. در ایران، روستاهای مشابه کندوان مانند روستای میمند در شهر بابک، روستای حیله‌ور در استان آذربایجان خاوری و یکی از روستاهای کوهبنان وجود دارند.

واژه «کند» در زبان ترکی به معنای روستا است که احتمالاً از این بناها نشأت گرفته است، هر چند باید توجه داشت که این واژه ریشه‌ای کهن آریایی نیز دارد و کلمه «کندوکاو» نیز از همین ریشه است.

دگرسانی (آلتراسیون) در مسیر جاده ورزقان تا خاروانا، به ویژه در نتیجه فرایند دگرگونی، تغییرات رنگی قابل توجهی در سنگ‌ها ایجاد کرده که نه تنها برای زمین‌شناسان و متخصصان جذاب است، بلکه برای عموم مردم نیز جلوه‌ای زیبا دارد. چنین پدیدهایی در وسعت و گستردگی مشابه، در جای دیگری از ایران کمتر مشاهده شده است.

این دگرسانی‌ها به ویژه در نزدیکی روستاهایی چون مزرعه شادی (شکل ۵-۳۰)، شریف‌آباد، دره هیزجان و آستمال (شکل ۵-۳۱) دیده می‌شوند که نوع آنها آلتراسیون آرژلیک پیشرفته است؛ در این مناطق، در بخش زیرین سنگ‌ها پدیده سیلیسی‌شدن و در بخش‌های میانی و بالایی، هماتیتی‌شدن رخ داده است. همچنین در مسیر جاده تبریز- اهر- مشگین‌شهر، به خصوص در محدوده جاده روستای نوردوز، می‌توان این ویژگی‌های دگرسانی را مشاهده کرد. همچنین در بخش‌های از این مسیر واحدهای سنگی رنگی قابل مشاهده هستند (شکل ۵-۳۲ و ۵-۳۳).

شکل ۵-۳۰. نمایی از آلتراسیون سیلیسی کوه جوشین، بعد از مزرعه شادی.

شکل ۵-۳۱. نمایی از آلتراسیون، منطقه آستمال.

شکل ۵-۳۲. نمایی از آلتراسیون در جاده اهر-مشگین‌شهر.

شکل ۵-۳۳. نمایی از کوه‌های رنگی، در نزدیکی شهر هریس.

۵-۵ چشمه‌های آب گرم استان آذربایجان خاوری

از نظر زمین‌شناسی، با توجه به آنکه پوشش عمده استان آذربایجان خاوری از سنگ‌های آتشفشانی تشکیل شده و آتشفشان‌های بسیار جوانی در این منطقه وجود ندارد، می‌توان نتیجه گرفت که چشمه‌های آبگرم مرتبط با فعالیت آتشفشان‌های قدیمی عمدتاً سرد شده‌اند و تنها تعداد محدودی از آنها همچنان فعال هستند. این چشمه‌ها در چند محدوده پراکنده‌اند که عبارت‌اند از:

- **ناحیه میانه در نزدیکی هشترود پیرامون کوه بابا:** چشمه‌هایی مانند ایستی‌سو واقع در حاشیه کوه بابا وجود دارد که یک چشمه آبگرم است هرچند که فعالیت آن در حال کاهش است. دمای آب این چشمه در حدود ۴۲ درجه سانتیگراد است. همچنین چشمه «پیرسقا» در منطقه قره‌آغاج (روستای پیرسقا در ناحیه سراسکندر-میانه) که به شکل یک آب‌فشان فعالیت متناوبی دارد؛ به گونه‌ای که در طول یک روز بین حالت آرامش و فوران نوسان می‌کند ولی آب آن سرد است (قربانی، ۱۳۸۲).

- **چشمه آبگرم منشگه:** در دامنه کوه بابا، از توابع شهر هشترود (شکل ۵-۳۴) و چشمه آبگرم دیگری در دامنه کوه بابا که به چشمه آبگرم «حمام» معروف است.این آبفشان امروزه

یک فعالیت متناوب دارد، به‌طوری که در طی یک روز متناوبا حالت آرامش و فورانی نشان می‌دهد ولی آب آن سرد است (قربانی، ۱۳۸۲).

- **چشمه‌های اطراف آذرشهر**، که اغلب از نوع چشمه‌های تراورتن‌ساز بوده و امروزه سرد شده‌اند (شکل ۵-۳۵ و ۵-۳۶).
- **چشمه آبش‌احمد** در شمال کلیبر که همچنان فعال بوده و پذیرای گردشگران فراوانی است.

شکل ۵-۳۴. چشمه تراورتن ساز آذرشهر، (رضا واعظی).

شکل ۵-۳۵. نمایی از چشمه تراورتن ساز تاپ‌تاپان آذرشهر، (منیژه اسدپور).

شکل ۵-۳۶. نمایی از چشمه تراورتن‌ساز منشگه، جنوب خاوری قره آغاج، (رضا واعظی).

۵-۶ غارهای استان آذربایجان خاوری

همانطور که پیش‌تر گفته شده حجم گسترده‌ای از واحدهای سنگی موجود در استان را سنگ‌های آتشفشانی به خود اختصاص می‌دهند و واحدهای کربناته کمتر مشاهده می‌شوند. از این رو تعداد غارها در این استان محدود می‌باشد که مهمترین آنها عبارتند از:

غار کبوتر مراغه: که به نام غار هامپوئیل نیز شناخته می‌شود، در موقعیت جغرافیایی نزدیک "۴۲'۱۸°۳۷ عرض شمالی و "۲۹'۱۸°۴۶ طول خاوری قرار دارد و در فاصله ۵ کیلومتری جنوب شرقی شهر مراغه، نزدیک روستای تازه‌کند سفلی واقع شده است. این غار در ارتفاع تقریبی ۱۶۴۹ متری از سطح دریا قرار دارد.

این غار دارای دو میدان است که در میدان دوم چهار چاه عمیق دیده می‌شود. اگرچه برخی از چاه‌ها تخریب شده‌اند، اما استالاکتیت‌های اطراف چاه‌ها مناظری بسیار زیبا خلق کرده‌اند. غار به دلیل وجود چاه‌های متعدد و ساختمان پیچیده‌اش، یکی از غارهای پرجاذبه برای غارشناسان و کوهنوردان به شمار می‌رود و هنوز تمام رازهای آن کشف نشده است.

مساحت میدان اول غار حدود ۴۰ در ۶۰ متر است و دهانه غار حدود ۸ متر عرض دارد. در داخل غار اتاق‌ها و تونل‌های مختلفی وجود دارد که در سقف آنها خفاش‌ها به شکل دسته‌جمعی آویزانند. همچنین دهانه‌های چاه‌ها به تالارهای بزرگ زیرزمینی منتهی می‌شوند که ورود به آنها نیازمند تجهیزات و تجربه غارنوردی حرفه‌ای است.

غار چپر در شمال شرقی مراغه و در شرق روستای چوان سفلی قرار دارد و بعد از غار کبوتر (غار هامپوئیل) دومین غار بزرگ آذربایجان خاوری است. غار چپر یک غار طبقاتی بوده (سه طبقه) که دارای تالارهای بزرگ و کوچک، دالان‌های پیچ در پیچ و دو دهانه ورودی است که به دلیل تنگ بودن دهانه غار، ورود به آن توسط افراد غیرحرفه‌ای سخت می‌باشد.

۵-۷ ژئوپارک جهانی ارس

ژئوپارک جهانی ارس نخستین ژئوپارک استان آذربایجان خاوری و دومین ژئوپارک ایران پس از ژئوپارک قشم است که در شمال غربی ایران، در استان آذربایجان خاوری و در منتهی‌الیه شمالی آن، در محدوده منطقه آزاد ارس و شهرستان جلفا واقع شده است. این ژئوپارک با مساحتی حدود ۱۶۷۰ کیلومتر مربع، منطقه‌ای کوهستانی با تنوع بالای سنگ‌های رسوبی و آذرین، ساختارهای تکتونیکی متنوع و پدیده‌های زمین‌شناسی برجسته است که ارزش زمین‌گردشگری (ژئوتوریسم) فراوانی دارد. علاوه بر این، ژئوپارک ارس دارای جاذبه‌های اکولوژیکی، فرهنگی و باستان‌شناسی نیز می‌باشد که به تکمیل اهمیت آن کمک می‌کند.

۵-۷-۱ تاریخچه ژئوپارک ارس

در منطقه جلفا توالی چینه‌شناسی منحصربه‌فردی وجود دارد که گذر دوران اول زمین‌شناسی به دوران دوم رسوبات پیوسته را نشان می‌دهد یا به عبارت دیگر، محیط دریایی از دوران اول به دوران دوم امتداد داشته است. این پدیده در جهان تنها در چند نقطه از ایران و چین مشاهده می‌شود. با توجه به این ویژگی، در مقاله‌ای تحت عنوان «ژئوتوریسم؛ پنجره‌ای نو به سمت توسعه در منطقه جلفا» (نجف‌زاده ۱۳۸۵) به آن اشاره شده است.

در سال ۱۳۸۴، نکوئی‌صدر مقاله‌ای با عنوان «ژئوتوریسم؛ صنعت بدون دودکش» را در مجله ژئوماین نظام مهندسی معدن آذربایجان منتشر کردند که مقاله نجف‌زاده الهام گرفته از مقاله نکوئی‌صدر بود (نکوئی‌صدر ۱۴۰۱). نکوئی‌صدر در سال ۱۳۸۶ به استناد برخی پدیده‌ها و میراث‌های زمین‌شناسی، پیشنهاد تأسیس ژئوپارک در مناطق جلفا و ورزقان را در دانشکده جغرافیای دانشگاه تهران مطرح کرد. انگیزه مطرح شدن ژئوپارک ارس توسط نکوئی‌صدر در قالب سخنرانی‌ها و ارائه مقاله‌ها پیگیری شد.

در سال ۱۳۸۹، معاونت فرهنگی وقت منطقه آزاد ارس با همکاری سازمان زمین‌شناسی و بهره‌گیری از دانش مرحوم حقی‌پور (مشاور سازمان) و به دلیل ارتباطات وی با یونسکو، پیشنهاد ژئوپارک جلفا را با محدوده‌ای کوچکتر از ژئوپارک فعلی ارس به یونسکو ارائه کرد. این پیشنهاد پس از بررسی و بازدید کارشناسان یونسکو رد شد. به گفته نکوئی‌صدر (۱۴۰۱)، مقرر شد با انجام مطالعات تکمیلی، موانع اجرای طرح برطرف گردد.

مطالعات تکمیلی از سال ۱۳۹۴ آغاز و در سال ۱۳۹۶ فعالیت‌ها به صورت جدی دنبال شد. با ایجاد کارگاه‌های آموزشی و پژوهشی، مطالعات، طراحی و راه‌اندازی سایت ژئوپارک ارس (که نه تنها جلفا بلکه منطقه‌ای وسیع‌تر از ژئوپارک فعلی ارس را در برمی‌گیرد) برنامه‌ریزی و اجرا شد. تیم مطالعاتی متعهد به پیشبرد این پروژه، با انجام مطالعات تکمیلی، در نهایت پیشنهادهای مربوط به ژئوپارک ارس را تدوین و ثبت کرد. بر اساس اطلاعات منتشر شده در سایت رسمی منطقه آزاد ارس در سال ۱۳۹۷، اعضای این تیم عبارت بودند از:

- علیرضا امری‌کاظمی، مشاور ژئوپارک
- کیمیا عجایبی، عضو شورای راهبردی ژئوپارک
- یونسی، طراح محصولات زمین‌شناسی ژئوپارک
- مهدی عباسی، مدیر وقت گردشگری و میراث فرهنگی ارس

طرح ژئوپارک ارس در سال ۲۰۱۹ به شورای جهانی یونسکو ارائه شد و پس از بازدید کارشناسان یونسکو از منطقه، در شهریور ۱۴۰۱ به ثبت جهانی رسید.

۵-۷-۲ توصیف ژئوپارک ارس

این منطقه در دنباله جنوبی رشته کوه‌های قفقاز کوچک قرار گرفته که همراه با رشته‌کوه‌های البرز و زاگرس، بخش میانی سیستم کوهزایی آلپ-هیمالیا را تشکیل می‌دهد؛ این سیستم از اروپا تا خاور آسیا امتداد دارد و به‌عنوان دیواری طبیعی، تنوع اقلیمی و فرهنگی را در دو سوی خود پدید آورده است.

ریزش‌های جوی این ناحیه عمدتاً از جبهه‌های مرطوب مدیترانه‌ای و سیبری سرچشمه می‌گیرند که در فصول پاییز تا بهار از شمال باختری، باختر و شمال وارد منطقه می‌شوند. متوسط بارندگی سالانه در ژئوپارک ارس بین ۲۵۰ تا ۴۰۰ میلیمتر است.

از نظر جغرافیایی، اراضی ژئوپارک در فواصل کوتاه اختلاف ارتفاع چشمگیری دارند که این موضوع منجر به شکل‌گیری چشم‌اندازها و اقلیم‌های متنوع شده است. بلندترین نقطه این منطقه کوه کیامکی با ارتفاع ۳۳۴۷ متر و پایین‌ترین نقاط دره رودخانه ارس واقع در مرز شمالی است که ارتفاع آن از زیر ۶۰۰ متر شروع می‌شود و در محل پیوستن رود قطورچای به رود ارس (مرز غربی ژئوپارک) حدود ۷۲۰ متر و در انتهای مرز شرقی به حدود ۳۹۰ متر می‌رسد.

پوشش گیاهی منطقه نیز متناسب با این تنوع ارتفاع و اقلیم است؛ دره رودخانه ارس با درختان نیمه‌گرمسیری پوشیده شده، اراضی غربی و میانی منطقه پوشش استپی دارند و در دامنه‌های شرقی، جنگل‌های انبوه ارسباران دیده می‌شوند. در ارتفاعات بالاتر از ۱۵۰۰ متر بارش‌ها عمدتاً به صورت برف است و کوه‌ها در زمستان پوشیده از برف می‌شوند.

از لحاظ تاریخی و فرهنگی، ناحیه جلفا به‌دلیل توپوگرافی خاص خود، گذرگاه طبیعی و شاه‌راه مهم ارتباطی میان قفقاز جنوبی و آذربایجان ایران بوده و موقعیت استراتژیک منحصربه‌فردی داشته است. قدمت سکونت در این منطقه به قرن پنجم پیش از میلاد بازمی‌گردد و ساکنان امروز آن زبان ترکی آذربایجانی و فارسی را به‌عنوان زبان‌های اصلی صحبت می‌کنند. بیشتر مردم منطقه به کشاورزی، باغداری و اشتغال در فعالیت‌های منطقه آزاد ارس مشغولند.

رودخانه ارس، عنصر اصلی ژئوپارک، مرز شمالی آن را با کشورهای ارمنستان و منطقه نخجوان تشکیل می‌دهد. این رودخانه با جریان خروشان خود ابتدا از گوشه شمال غربی وارد ژئوپارک شده و پس از دریافت زه‌کش‌های منطقه، از گوشه شمال شرقی خارج می‌شود و به رود کورا می‌پیوندد که در نهایت به دریای خزر (کاسپین) می‌ریزد.

۵-۷-۳ ژئوسایت‌ها و پدیده‌های جالب زمین‌شناسی ژئوپارک ارس:

ویژگی‌های زمین‌شناسی ژئوپارک ارس شامل پدیده‌های ساختاری، ماگماتیسم، سنگ‌های رسوبی و دگرسانی است که هریک نقش مهمی در شکل‌گیری ژئوسایت‌ها و منظره‌های طبیعی خاص این منطقه دارند:

۱) **پدیده‌های ساختاری** از جمله گسله اصلی ارس در ژئوپارک ارس و گسله‌های عمود بر آن مانند گسل پهناور، تغییرات چینه‌ها و فروافتادگی‌ها که موجب تنوع ساختارهای زمین‌شناسی شده‌اند.

۲) **ماگماتیسم نسبتاً جوان** (از الیگوسن تا میوسن پسین) که شامل انواع سنگ‌های آذرین نفوذی کم‌ژرفا مانند کوه کیامکی و سنگ‌های آتشفشانی بازالتی تا دیوریت با رنگ‌ها و ساختارهای متنوع است.

۳) **وجود سنگ‌های رسوبی** اواخر دوران اول زمین‌شناسی (پرمین) و آغاز دوران دوم (تریاس) که در چند ناحیه زمین‌شناسی، از جمله کوه علی باشی و نزدیکی روستای زال، با رنگ‌های متفاوت مشاهده می‌شوند.

۴) **فرایند دگرسانی** (آلتراسیون) و فرسایش روی تمامی پدیده‌های فوق که موجب مورفولوژی بسیار خاص با رنگ‌های متنوع سنگ‌ها شده است.

علاوه بر موارد فوق، توپوگرافی منحصربه‌فرد ژئوپارک و موقعیت جغرافیایی آن در عرض جغرافیایی حدود ۳۸ درجه شمالی، همراه با اقلیم نیمه خشک و سرد منطقه، مجموعه‌ای از ژئوسایت‌های جذاب را پدید آورده است.

از موارد قابل توجه و نادر در ژئوپارک ارس، پیوستگی رسوبی هنگام گذر از دوران اول به دوران دوم زمین‌شناسی است که تنها در چند نقطه از جهان، از جمله در ایران و چین، مشاهده می‌شود و در این پارک در محدوده‌های کوه علی باشی و نزدیکی روستای زال قابل مشاهده است.

۵-۷-۴ ژئوسایت‌ها و سایت‌های دیدنی در منطقه ژئوپارک ارس

در محدوده ژئوپارک ارس، چندین ژئوسایت مهم و منحصربه‌فرد وجود دارد که از جمله می‌توان به ژئوسایت کمکال، ژئوسایت کوه ملاباشی، ژئوسایت روستای زال و همچنین ژئوسایت آبشارهایی چون آسیاب خرابه و کوه کیامکی اشاره کرد. علاوه بر این، رسوبات قرمزرنگ، کنگلومرای صخره‌ساز و دیگر پدیده‌های زمین‌شناسی از جاذبه‌های خاص این منطقه به شمار می‌روند. از جمله مناطق مهم ژئوسایتی در این ژئوپارک می‌توان به کمتال، ماراکان، دره دیز و کیامکی اشاره کرد که به دلیل تنوع زیستی بالا در پوشش گیاهی و جانوری، تحت حفاظت سازمان محیط زیست قرار دارند.

مهمترین ویژگی‌های زمین‌شناسی ژئوپارک ارس، توالی رسوبی پالئوزئیک-مزوزئیک به خصوص پیوستگی نهشته‌های مرز دوره‌های پرمین و تریاس است که اهمیت علمی بسیار بالایی دارد. در این زمینه انواع سنگ‌های آذرین درونی و بیرونی با شکل‌ها و ساختارهای متفاوت،

از جمله کوه کیامکی، نقش برجسته‌ای دارند. رژیم فشارشی حاکم بر این ناحیه که ناشی از فاز کوهزایی آلپی است، منجر به ظهور پدیده‌های ساختمانی متنوعی مانند گسل‌خوردگی‌ها، راندگی طبقات و چین‌خوردگی‌ها شده است.

همچنین سایت‌های فسیلی با قدمتی تا اواسط پالئوزئیک، چشمه‌های تراورتن‌ساز حاصل فعالیت چشمه‌های معدنی(شکل ۵-۳۷)، و رودخانه ارس به همراه ریختارهای وابسته آن از دیگر جاذبه‌های برجسته ژئوپارک هستند. این پدیده‌ها هرکدام گواهی بر فعالیت فازهای مختلف کوهزایی، فرآیندهای شکل‌زایی زمین و قدمت حیات روی زمین بوده و تمرکز همه آنها در یک محدوده، میراث زمین‌شناختی بی‌نظیری را فراهم کرده است.

تا کنون تعداد ۲۸ ژئوسایت در ژئوپارک ارس گزارش شده است که از جمله آنها میتوان به کوه علی باشی، منطقه شمال باختری روستای زال، کوه کیامکی، روستای امیری و آبشارهای آسیاب خرابه اشاره کرد.

کوه علی باشی و کوه شمال باختری روستای زال هر دو در شهرستان جلفا واقع شده‌اند. کوه شمال باختری روستای زال در فاصله حدود ۳۰ کیلومتری جنوب خاوری جلفا قرار دارد. ویژگی اصلی این دو ژئوسایت نمایش پیوستگی گذر دوران اول به دوره دوم زمین‌شناسی (پرمین به تریاس) است؛ به عبارتی، محیط دریایی آن زمان به‌صورت ادامه‌دار و بدون تغییر از دوران

شکل ۵-۳۷. نمایی از چشمه‌های تراورتن ساز جلفا در ژئوسایت ارس.

پرمین وارد تریاس شده است. این پدیده در دنیا تنها در چند نقطه محدود از ایران (نزدیکی شاهزاده علی‌اکبر شهرضا و دره هم‌بست در ابرکوه یزد) و یک منطقه در چین مشاهده شده است و اهمیت ویژه‌ای برای زمین‌شناسان، به‌خصوص چینه‌شناسان دارد. در رسوبات انتهای دوره پرمین، فسیل‌های شاخصی از جمله ماکروفسیل‌های براکیوپود و مرجان‌های خاص به چشم می‌خورند (شکل ۵-۳۸).

شکل ۵-۳۸. Transcaucasathyris lata Grunt 1965, MRAN 10428.1, Abadeh Fm., Julfa section

در مرز گذار دوران پرمین به تریاس، یک انقراض جهانی گسترده در موجودات زنده رخ داده است. نشانه این انقراض، حضور جلبکی به نام استروماتولیت‌ها (از نوع ترومبولیت) است که در دوره‌ای ظهور می‌یابد که سایر گونه‌های زنده کاهش چشم‌گیری داشته یا منقرض شده‌اند؛ این جلبک‌ها به‌طور فرصت‌طلب افزایش می‌یابند. در پایه سنگ‌های سازند تریاس موسوم به سازند الیکا، فسیل‌های این جلبک‌ها یافت می‌شوند که نمایانگر این انقراض جهانی هستند.

۵-۷-۵ ژئوسایت کوه کیامکی

کوه کیامکی با ارتفاع ۳۳۴۷ متر، بلندترین قله منطقه ژئوپارک ارس و یکی از شاخص‌ترین کوه‌های جنوب رودخانه ارس است. این کوه به شکل گنبدی از سنگ‌های آذرین اسیدیک است که حدود ۱۰ میلیون سال پیش در بین سنگ‌های اطراف نفوذ کرده است. به‌دلیل ارتفاع زیاد، بیشتر سال پوشیده از برف بوده و پیرامون آن طبیعت سرسبز و چندین آبشار، از جمله آسیاب خرابه و ماهران، قرار دارند. از بالای کوه کیامکی، بخش وسیعی از ژئوپارک ارس و شهرهای جلفا و هادی‌شهر قابل دیدن است. این کوه به‌صورت تک‌کوهی با ارتفاع برجسته نسبت به کوه‌های اطراف دیده می‌شود و یکی از مناطق شاخص کوهنوردی و گردشگری منطقه است (شکل ۵-۴۰)

پوشش گیاهی اطراف این کوه متنوع و زیباست، و دره‌های مجاور با آبشارهای خروشان جذابیتی خاص برای گردشگران و طبیعت‌گردان ایجاد کرده است.

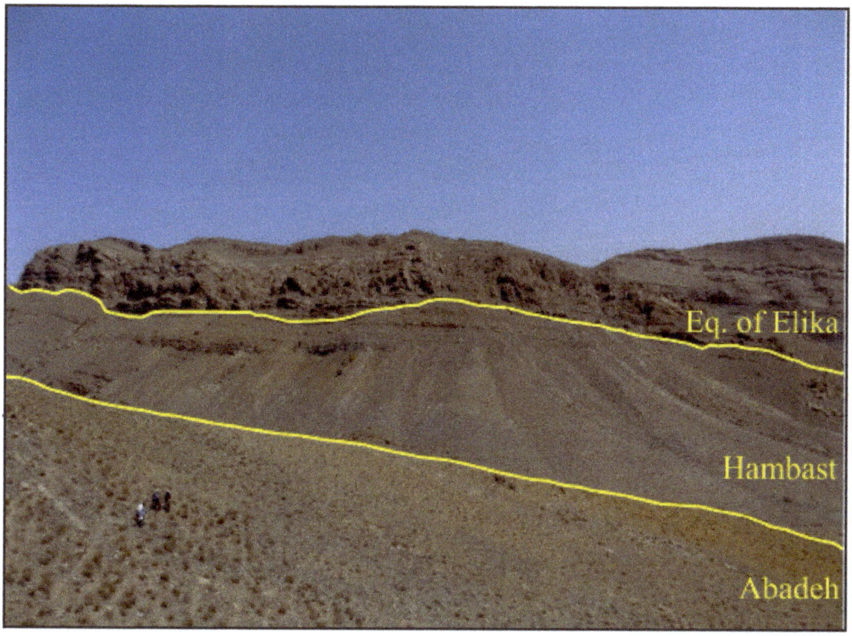

شکل ۵-۳۹. نمایی از سازندهای آباده، هم‌بست و رسوبات هم‌ارز سازند الیکا در برش چینه‌شناسی جلفا (دید به سمت شمال).

شکل ۵-۴۰. نمایی از کوه کیامکی در منطقه آزاد ارس.

منابع:

۱. آقانباتی، سید علی (۱۳۸۳). زمین‌شناسی و توان معدنی استان‌های آذربایجان شرقی و اردبیل. سازمان توسعه و نوسازی معادن و صنایع معدنی ایران (ایمیدرو)، تهران.

۲. اتابکی، تورج (۱۳۸۴). آذربایجان در معاصر ایران. انتشارات نشرنی، تهران.

۳. احمدی، نسرین، ملکی، فرهاد (۱۳۹۶). بررسی آب و هوای استان آذربایجان‌شرقی و تأثیر آن بر کشاورزی. پژوهشکده کشاورزی، تبریز.

۴. اطلس گیتاشناسی استان‌های ایران (۱۳۹۳). چ ۲. تهران: موسسه جغرافیایی و کارتوگرافی گیتا شناسی.

۵. افشارسیستانی، ایرج (۱۳۷۰). نگاهی به آذربایجان شرقی: مجموعه‌ای از اوضاع تاریخی، جغرافیایی، اجتماعی و اقتصادی. انتشارات رایزن، تهران.

۶. باقری، اعظم، رضازاده، فاطمه (۱۳۹۴). آثار و بناهای تاریخی آذربایجان‌شرقی. انتشارات آلتین، تبریز.

۷. حسینی، علی‌اصغر (۱۳۹۴). اقلیم استان آذربایجان‌شرقی. دانشگاه تبریز، تبریز.

۸. خاماچی، بهروز (۱۳۷۰). فرهنگ جغرافیای آذربایجان شرقی. انتشارات سروش، تهران.

۹. خاماچی، بهروز، رضازاده، فاطمه (۱۳۹۶). راهنمای ژئوتوریسم آذربایجان‌شرقی. نشر آلتین، تبریز.

۱۰. دیباج، اسماعیل (۱۳۴۳). راهنمای آثار تاریخی آذربایجان‌شرقی و غربی. انتشارات دانشگاه تبریز، تبریز.

۱۱. رحیمی، محمدرضا، کریمی، زهرا (۱۳۹۲). جغرافیای طبیعی و اقلیمی آذربایجان‌شرقی. انتشارات جغرافیا، تهران.

۱۲. رضایی، علی‌اکبر (۱۳۸۵). جغرافیا و منابع طبیعی آذربایجان‌شرقی. سازمان محیط زیست، تهران.

۱۳. رضایی، علی‌اکبر، میرزاپور، حسین (۱۳۹۷). ژئوتوریسم و حفاظت از میراث زمین‌شناسی در آذربایجان‌شرقی. سازمان حفاظت محیط زیست آذربایجان‌شرقی، تبریز.

۱۴. رئیس‌نیا، رحیم (۱۳۶۸). آذربایجان در سیر تاریخ ایران. انتشارات نیما، تبریز.

۱۵. زارع، حسن (۱۳۹۰). اقلیم‌شناسی ایران: بخش آذربایجان‌شرقی. انتشارات دانشگاه تهران، تهران.

۱۶. ساکی، ایمان (راوری)، سطوت، زهرا (بدون تاریخ). کتاب صوتی آذربایجان‌شرقی. ایران‌صدا. https://book.iranseda.ir

۱۷. سلیمانی‌بروجردی، علی (۱۳۸۱). علمای ایران در شهرهای آذربایجان (جلد ۱). انتشارات دیوان، قم.

۱۸. سینائیان، فریدون، میرزایی علویجه، حسین، فرزانگان، اسماعیل (۱۳۸۹). مطالعات زمین‌شناسی ساختگاهی با استفاده از روش لرزه‌نگاری شکست مرزی در ایستگاه‌های شتاب‌نگاری کشور: اردبیل و آذربایجان شرقی. مرکز تحقیقات ساختمان و مسکن، وزارت راه و شهرسازی، تهران.

۱۹. صدرمحمدی، نسرین (۱۳۹۶). اطلس ژئوتوریسم استان آذربایجان شرقی. انتشارات یاد عارف، تهران.

۲۰. عالم‌پور رجبی، مسعود (۱۳۸۰). میراث فرهنگی و گردشگری آذربایجان‌شرقی. انتشارات احساس، تبریز.

۲۱. عالم‌پور رجبی، مسعود، میزبانی، ناصر (۱۳۹۵). ژئوتوریسم در آذربایجان‌شرقی: ظرفیت‌ها و چشم‌اندازها. سازمان میراث فرهنگی، صنایع دستی و گردشگری آذربایجان‌شرقی، تبریز.

۲۲. عزیزی، محمد (۱۳۹۸). تاریخ تبریز و آذربایجان: از ایام کهن تا سقوط قاجاریه. انتشارات پژواک البرز، آذربایجان شرقی، تهران.

۲۳. عمرانی، بهروز (۱۳۸۸). مساجد تاریخی آذربایجان‌شرقی. سازمان میراث فرهنگی، تهران.

۲۴. قربانی، منصور، صالحی یزدی، مژگان (۱۳۹۷). ایران‌شناسی با نگرشی بر گردشگری شهری، طبیعت‌گردی و زمین‌گردش‌گری شمال باختری ایران (جلد ۴). انتشارات آرین زمین، تهران.

۲۵. قریشی‌زاده، عبدالرضا (۱۳۸۸). آذربایجان‌شرقی جلوگاه تمدن. انتشارات میردشتی، تهران.

۲۶. کارنگ، عبدالعلی (۱۳۵۱). آثار باستانی و ابنیه تاریخی تبریز و پیرامون. سازمان میراث فرهنگی، تهران.

۲۷. کریمی، زهرا (۱۳۹۸). طبیعت‌گردی و توسعه پایدار در استان آذربایجان‌شرقی. انتشارات دانشگاه تبریز، تبریز.

۲۸. مخلصی، محمدعلی (۱۳۷۱). فهرست بناهای تاریخی آذربایجان‌شرقی. سازمان میراث فرهنگی، تهران.

۲۹. ملکی، فرهاد (۱۳۹۵). طبیعت‌گردی در مناطق کوهستانی آذربایجان‌شرقی. پژوهشکده گردشگری ایران، تهران.

۳۰. میرزا، نادر (۱۳۵۱). تاریخ و جغرافیای دارالسلطنه تبریز. انتشارات اقبال، تهران.

۳۱. وکیل‌زاده، داود (۱۳۹۴). آذربایجان شرقی خورشید تمدن. بانک تالیفات عکاسی ایران.

۳۲. وبگاه ۱، https://akharinkhabar.ir/.

۳۳. وبگاه ۲، https://bazargam.com/.

۳۴. وبگاه ۳، https://daneshyari.com/.

۳۵. وبگاه ۴، https://persiangood.com/.

۳۶. وبگاه ۵، https://sarashpazpapion.com/.

۳۷. وبگاه ۶، https://www.yjc.ir/.

۳۸. وبگاه ۷، https://www.fartaknews.com/.

۳۹. وبگاه ۸، https://torob.com/.

۴۰. وبگاه ۹، https://kalleh.com/.

۴۱. وبگاه ۱۰، https://shirinita.com/.

۴۲. وبگاه ۱۱، https://www.tasnimnews.com/.

درباره دکتر منصور قربانی

در اردیبهشت‌ماه سال ۱۳۴۰ در روستای ننج ملایر به‌دنیا آمد. تحصیلات ابتدایی خود را در همین روستا و دوره راهنمایی و دبیرستان را در شهرستان ملایر پشت‌سر گذاشت. وی تحصیلات عالی را در سال ۱۳۶۲ در رشته زمین‌شناسی در دانشگاه شهیدبهشتی شروع و در سال ۱۳۶۷ دوره کارشناسی زمین‌شناسی را به پایان رساند. منصور قربانی اولین فارغ‌التحصیل دوره کارشناسی ارشد (سال ۱۳۷۰) در رشته زمین‌شناسی از دانشگاه شهید بهشتی تهران است و در سال ۱۳۷۸ مدرک دکتری در شاخه پترولوژی و متالوژنی را از همین دانشگاه دریافت کرد. از همان سال به عضویت هیأت علمی دانشگاه شهید بهشتی تهران درآمد و تا امروز که مرتبه استاد تمامی دارند در دوره‌های کارشناسی، کارشناسی ارشد و دکتری فعالیت آموزشی مستمر داشته‌اند؛ قربانی بعلاوه از زمره پژوهشگران نمونه دانشگاه شهید بهشتی بوده، رساله بیش از یک‌صد دانشجوی کارشناسی ارشد و دکتر را راهنمایی کرده‌اند.

طی فعالیت‌هایی پژوهشی علمی و میدانی چشمگیر در سراسر ایران، در تمام نقاط ایران کاوش‌های گسترده‌ای در علوم زمین و جغرافیای طبیعی و مردم‌شناسی داشته‌اند؛ حاصل پژوهش‌های ایشان در علوم زمین و منابع طبیعی ایران و ایران‌شناسی، در بیش از ۵۰ اثر علمی، شامل کتاب (ازجمله سه کتاب با انتشار از سوی اشپرینگر)، نقشه (ازجمله نقشه متالوژنی خاورمیانه)، اطلس و بیش از ۱۵۰ مقاله در سطح ملی و بین‌المللی منتشرشده است. همچنین در چندین همایش ملی و یک همایش بین‌المللی، سابقه دبیر علمی و اجرایی را در کارنامه خود دارد. او اندیشمندی است که ایران‌شناسی را در چهار قالب طبیعت، تاریخ، فرهنگ و منابع طبیعی آن آموخته و در هم‌پیوسته است.

پیمایش‌های صحرایی و بازدیدهای سالیان وی از منابع طبیعی (معدنی، انرژی، آب‌ها) زمین‌شناسی، بازدید شهرها و طبیعت ایران، علاقه‌اش به تاریخ و تمدن ایران و مطالعه پیوسته وی در این قلمروها دستاوردهای دیگری داشته است؛ این‌ها شامل

شناخت بیشتر فرهنگ اقوام ایرانی و نقش محیط طبیعی بر ویژگی‌های فرهنگی، اجتماعی تاریخی و اقتصادی و همچنین آشنایی هرچه بیشتر با منابع طبیعی و ویژگی‌های اقلیمی و تاریخی شهرها و سرزمین‌های ایران است. حاصل مطالعات ایران‌شناسی دکتر قربانی قبلاً در یک دوره ۱۰ جلدی (ایران‌شناسی با نگرشی گردشگری شهری، طبیعت و زمین) انتشار یافته، و کتاب حاضر (ایران‌شناسی، طبیعت، تاریخ و فرهنگ ایران‌زمین) مقدمه انتشار یک مجموعه ۳۳ جلدی ایران‌شناسی با نگرش جدید است.

تأسیس مرکز پژوهشی زمین‌شناسی پارس آرین زمین و انتشارات آرین زمین در سال ۱۳۸۱ و نیز تلاش در زمینه انتشار مجله سرزمین‌های پارس آرین از سال ۱۴۰۲ در تحقق اهداف یادشده نقش اصلی را داشته‌اند. هر سه این‌ها اینک کانونی برای فعالیت دانشمندان، کارشناسان با تجربه و افراد علاقه‌مند به فعالیت‌های پژوهشی در زمینه‌های مرتبط هستند. در این میان اقبال هم با مرکز پژوهشی زمین‌شناسی پارس آرین‌زمین و انتشارات آرین زمین همراه بوده، این مرکز با انتشار کتاب‌ها و نقشه‌های بسیار، فعالیت‌های مؤثری در زمینه منابع طبیعی ایران و ایران‌شناسی داشته است.

برای تهیه کتابهای جامع مصور ایرانشناسی
و مجموعه سی سه جلدی استانی دیگر می توانید به وبسایت زیر مراجعه کنید:

www.kidsocado.com